SISTEMAS DE COMUNICACIONES

PEDRO E. DANIZIO

Sistemas de
COMUNICACIONES

UNIVERSITAS
CÓRDOBA
EDITORIAL CIENTÍFICA UNIVERSITARIA

Pje España 1467. Te/Fax: 4680913. (5000) Córdoba. Argentina – editorialuniversitas@yahoo.com.ar

UNIVERSITAS
Editorial
Científica
Universitaria
CÓRDOBA

Diseño de Tapa: Ing. Jorge G. Sarmiento
Autoedición: El autor
Producción Gráfica: Universitas.

ventasuniversitas@gmail.com
www.universitaseditorial.com.ar

ISBN: 978-987-9406-62-5

SERIE INGENIERIA
Sistema de Comunicaciones

A la querida memoria de mi padre, qué con su ejemplo
marcó un rumbo claro de honestidad, trabajo y cariño
por su familia.

A mi madre esa cariñosa y especial compañera que lu-
chó a su lado y que hoy mantiene viva la llama de su
recuerdo, para que nuestra familia se mantenga unida
en el amor por sus enseñanzas.

Prólogo

El presente material está desarrollado para aquellos estudiantes de nivel técnico universitario, que inician sus estudios en el área de las Telecomunicaciones. Esperando cubrir una de las necesidades básicas del área, con un enfoque heurístico y general, es que presento este texto con una verdadera intención ecléctica dentro del paradigma hermenéutico.

El texto esta dividido en cuatro capítulos, el primero sobre la comunicación analógica en amplitud, el segundo sobre la comunicación analógica en frecuencia, el tercero trata sobre la digitalización de información y el cuarto sobre la comunicación digital. Es decir, se cubren los tópicos básicos de comunicaciones analógicas y digitales, que tradicionalmente se enseñan en dos materias cuatrimestrales.

Los temas se desarrollan con explicaciones sencillas y claras, con el aporte matemático mínimo e indispensable, luego se trabaja un ejemplo práctico y se propone la resolución de una actividad. También para cada capítulo se presenta un autotest y así conocer el grado de comprensión del estudiante. La resolución de las actividades de cada capítulo, como así también la de los autotest, se adjunta gratuitamente al libro en un CD. Es de destacar que en el CD, también se dispone de un graficador que permite visualizar las diferentes técnicas de comunicación que forman parte de las actividades a resolver. Este graficador es un Applet de Java de difusión gratuita, que se constituye en una herramienta de trabajo muy útil dentro de este curso.

El curso puede aplicarse en dos materias cuatrimestrales o en una anual, orientada a la etapa del técnico universitario y completando el docente con sus aportes, acordes a la necesidad del entorno. También es muy útil para quienes se dedican a estudiar de manera autodidacta. Cumplimentado el presente, para quienes deseen profundizar estos temas pueden consultar el libro de mi autoría, Teoría de las Comunicaciones del año 2002 de la Editorial Universitas.

Contando con más de veinte años de experiencia como profesional y docente, expreso que es imposible lograr que un proyecto llegue a feliz término solo. De tal manera, debo dejar constancia del esfuerzo que puso mi familia para que esto se logre. Solo puedo decirle gracias a la paciencia y dulzura de mi esposa Silvia, que siempre está a mi lado incondicionalmente desde que iniciamos la aventura de crear nuestra familia. A mis hijos Eduardo, Agustín y Alejandro que tienen la habilidad de hacerme sentir el mejor padre del mundo, porque en realidad ellos son excelentes personas. Un comentario especial merece mi hijo mayor Eduardo con el cual disfrutamos la especialidad ya que es un ingeniero de la nueva generación, que se preocupó por la revisión del contenido e implementó el entorno.

También a mis estudiantes de grado y post-grado les expreso mi agradecimiento, ya que son quienes permiten que los docentes podamos crecer en la actividad.

Probablemente existan algunos errores involuntarios, si los hay, les ruego me avisen, de la misma manera que cualquier sugerencia que estimen conveniente, enviándolas a mi correo pdanizio@educ.ar, todo será tenido en cuenta.

Pedro E. Danizio

Indice

1

Modulación Analógica por amplitud

Objetivos

- Comprender los conceptos básicos de las técnicas de modulación y   demodulación analógicas en amplitud con y sin portadora.

- Resolver cálculos simples de potencias y anchos de banda para señales moduladas en amplitud.

- Comprender los conceptos generales de recepción aplicables a todas las técnicas de modulación.

- Interpretar los conceptos de estas técnicas con banda base periódica y no periódica, con el análisis espectral asociado.

Contenidos

1.1 La banda base

La banda base es la información primigenia que se necesita transmitir. Dicho de otra manera es la señal original que puede provenir de fuentes tales como voz, CD, cassette, datos de una PC, sensores, cámaras de TV, etc.

Una primera división de la banda base sería expresarla como señales continuas en el tiempo o analógicas o señales discretas en el tiempo o digitales. Otra clasificación puede referirse a que sean periódicas o no periódicas. La fig. 1.1.1 corresponde a una señal analógica periódica y la 1.1.2 a una digital periódica

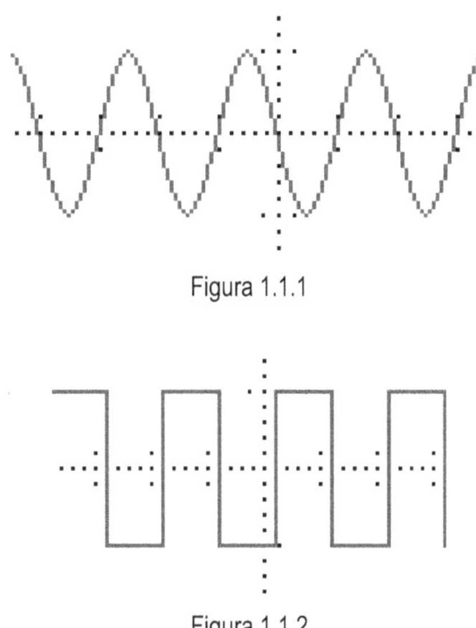

Figura 1.1.1

Figura 1.1.2

Tomando una parte de ambas y no repitiéndolas la información se comporta como no periódica.

1.2. Representación matemática de la banda base

La siguiente función representa una onda.

$$em(t) = E_m Cos\omega_m t \qquad 1.2.1$$

Donde em(t), indica que la función es una onda de tensión que se desarrolla en el tiempo[1]. La de amplitud pico Em, varía siguiendo una forma cosenoidal con una frecuencia angular[2] ωm, representada en el dominio del tiempo.

La señal temporal tiene la forma expresada y se la representa sobre el eje de tiempo. Se debe tener en cuenta que también es posible graficar la misma señal pero en el dominio de la frecuencia[3] y si

---

1 Tomaremos la letra m para la señal modulante y c para la portadora.

2 Frecuencia angular expresada en radianes / segundos (2. π. fm)

3 Se puede utilizar el eje de la frecuencia angular o de la convencional, según las necesidades. Para nuestro caso en general utilizaremos la representación en angular.

vemos para la expresión 1.2.1, la posible representación en frecuencia de la onda será una línea ubicada en posición de su frecuencia angular (ωm), con la amplitud pico respectiva Em.

Una forma de crear un esquema interpretativo del eje de frecuencias es suponer que miramos la onda de desde la posición temporal y avanza hacia nosotros en cuyo caso veremos solo una línea al ser una onda periódica de una componente espectral única. En la fig. 1.2.1 se muestra una onda del tipo senoidal en el tiempo y se la representa además vista en frecuencia.

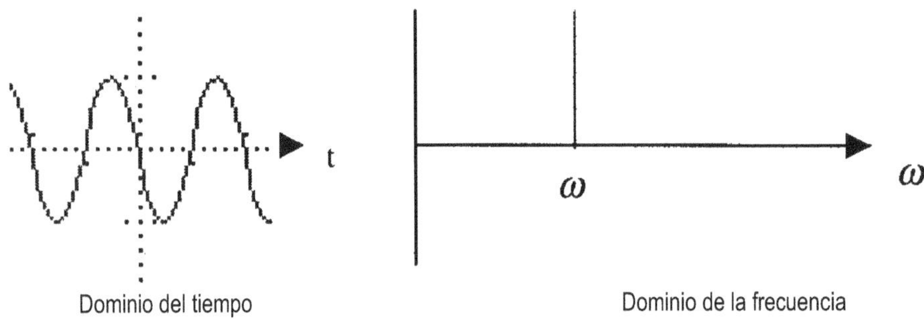

Figura 1.2.1

Si agrupamos varias componentes la señal en el tiempo se obtiene como la suma de ellas y el análisis en frecuencia tendrá tantas líneas como componentes con su amplitud correspondiente.

La fig. 1.2.2 muestra dos señales periódicas de forma senoidal donde una tiene el doble de frecuencia de la otra. También se ve claramente que la de mayor frecuencia tiene la mitad de la amplitud que la de menor frecuencia. Se representa al lado del eje de tiempo la representación en frecuencia

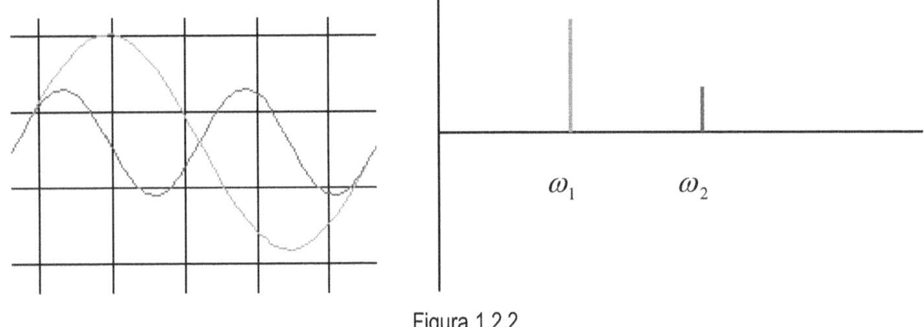

Figura 1.2.2

En la figura 1.2.3 se representa la suma de ambas señales en el tiempo y frecuencia.

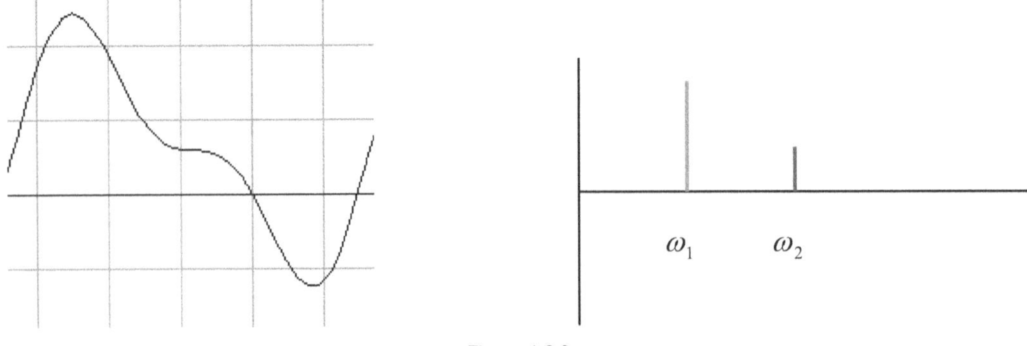

Figura 1.2.3

A medida que la señal tiene más términos, adquiere una forma que es la resultante de la suma de sus componentes espectrales en amplitud y frecuencia. Esto lo sabemos por el concepto de la serie y la transformada de Fourier. Es decir las señales periódicas tienen un espectro en frecuencias discreto y las no periódicas lo tienen continuo.

Lo expresado deja a entender que una señal puede estar compuesta por una o varias frecuencias periódicas o no y esta combinación es la que representa la verdadera naturaleza de la información a transmitir y es lo que se denomina la banda base.

En general trabajaremos con señales periódicas y generalizaremos para las no periódicas.

Utilizaremos la expresión f(t) para indicar una función en el tiempo esta se tomará como la expresión generalizada de la banda base y cuando necesitemos especificar matemáticamente utilizamos la 1.2.1

En la fig. 1.2.4, se muestra una señal no periódica, que tiene una forma cualquiera en el tiempo y su representación espectral corresponde a un espectro continuo.

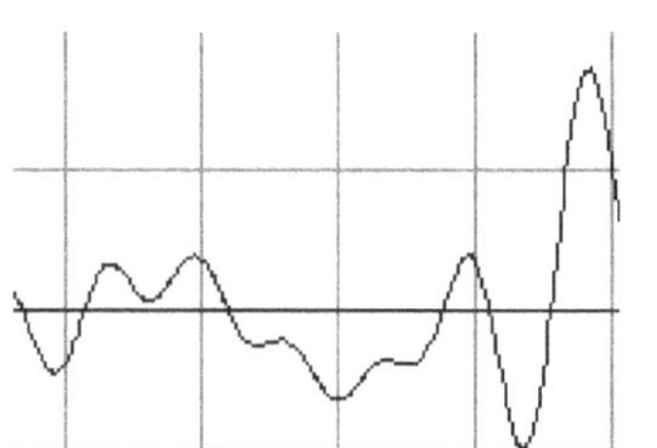
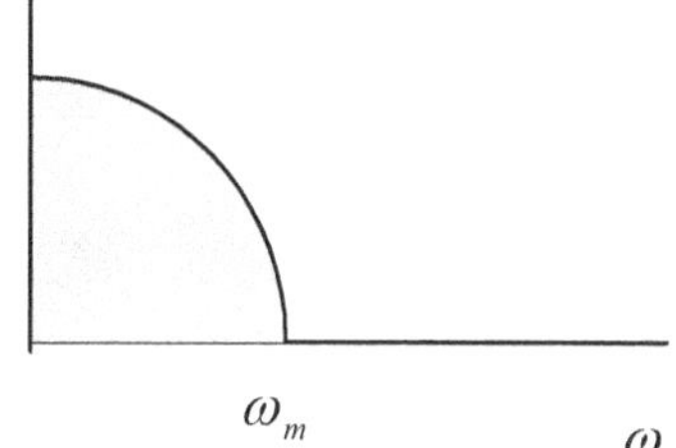

Figura 1.2.4

En el eje de las frecuencias se ve que el valor máximo ω_m, corresponde al ancho de la banda base.

Ejemplo 1.2.1

Representaremos algunas funciones:

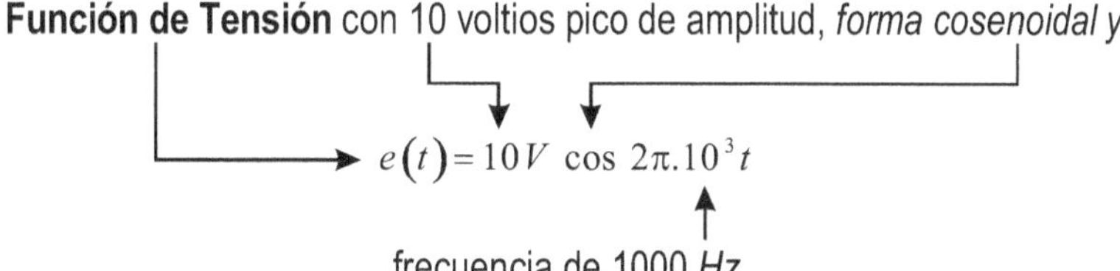

Completar las expresiones de las funciones correspondientes a la tabla que se presenta a continuación:

N°	función	amplitud	forma	Frecuencia en Hz
1	tensión	100 V	cosenoidal	1500000
2	tensión	25 V	senoidal	1250
3	Corriente	15 A	cosenoidal	100
4	Corriente	25 A	senoidal	3500

Resolvemos

1. $e_1(t) = 100VCos2\pi.1,5.10^6 t$

2. $e_2(t) = 25VSen2\pi.1,25.10^3 t$

3. $i_3(t) = 15ACos2\pi.100t$

4. $i_4(t) = 25ASen2\pi.3,5.10^3 t$

º Resolver la actividad 1.1 y 1.2

1.3. De la portadora

La onda que llevará la información en su seno se la denomina portadora y debe ser de una frecuencia de por lo menos diez veces mayor que la máxima frecuencia modulante.

Representaremos a la portadora con la siguiente expresión:

$$ec(t) = EcCos\omega ct \qquad\qquad [1.3.1]$$

El hecho de que la frecuencia sea grande permite lograr antenas de tamaño reducido por un lado y por otro al asignar a las bandas bases diferentes portadoras, no se mezcla la información y se racionaliza el uso del espectro electromagnético.

Dado los parámetros de una onda sea la amplitud, la frecuencia o la fase, si se varía alguno de ellos en función de la banda base se crean las modulaciones por amplitud, frecuencia o fase.

1.4. De la Modulación

Vamos a tomar la amplitud (E_c) de la 1.3.1 de la portadora y en ella incorporaremos la banda base, es decir vamos a variar la amplitud de la portadora con la amplitud de la banda base.

Según lo expresado la banda base de manera genérica se la representa por una función f(t), de donde se la sumaremos a la amplitud de la portadora y lo expresamos así:

$$\phi_{AM} = \left[E_c + f(t)\right]Cos\omega_c t \qquad\qquad [1.4.1]$$

Lo que estamos haciendo es sumar a la amplitud E_c de la portadora $f(t)$, de tal manera que solo se esta variando esa parte de la portadora. Ahora bien ¿qué ocurre cuando hacemos este proceso?. Para entenderlo mejor reemplazaremos la expresión genérica de la banda base $f(t)$ por una periódica tal como la 1.2.1

$$\phi_{AM} = \left[E_c + E_m.Cos\omega_m t\right]Cos\omega_c t \qquad\qquad [1.4.2]$$

Ingresado el Cos dentro del corchete

$$\phi_{AM} = E_c Cos\,\omega_c t + E_m.Cos\,\omega_m t.Cos\,\omega_c t \qquad\qquad [1.4.3]$$

Resolviendo el segundo término, con la identidad trigonométrica del producto de dos cosenos.

$$\phi_{AM} = E_c Cos\,\omega_c t + \frac{E_m}{2} Cos\left(\omega_c + \omega_m\right)t + \frac{E_m}{2} Cos\left(\omega_c - \omega_m\right)t \qquad [1.4.4]$$

Se ve que la expresión tiene tres términos uno con la frecuencia de la portadora ω_c, otro término que cuya frecuencia vale $\omega_c + \omega_m$ y el último con frecuencia $\omega_c - \omega_m$. Entonces la frecuencia de la señal modulante se trasladó a ambos lados de la portadora. Este es el proceso de modular, es decir trasladar la banda base a otro punto del espectro de frecuencias.

El primer término, representa la portadora y los otros la banda lateral superior y la banda lateral inferior. Se las designa así puesto que es la misma banda base repetida a ambos lados de la portadora.

1.5. Analizando la señal modulada

Tomemos una portadora de 10 KHz y 10 V de amplitud la expresión será:

$$e_c(t) = 10V Cos.2.\pi.10^4 t \qquad\qquad [1.5.1]$$

El tono de banda base de igual amplitud y frecuencia 1 Khz.

$$e_m(t) = 10V Cos.2.\pi.10^3 t \qquad\qquad [1.5.2]$$

Desarrollando la función de modulación de la 1.4.2 y reemplazando 1.5.1 y 1.5.2

$$\phi_{AM} = \left[10V + 10V.cos.2.\pi.10^3 t\right] Cos.2.\pi.10^4 t \qquad\qquad [1.5.3]$$

Resolviendo

$$\phi_{AM} = 10V.Cos.2.\pi.10^4 t + 5V.Cos.2.\pi.(10^4 + 10^3).t + 5V.Cos.2.\pi.(10^4 - 10^3)t \qquad [1.5.4]$$

Calculando los paréntesis

$$\phi_{AM} = 10V.Cos.2.\pi.10^4 t + 5V.Cos.2.\pi.11.10^3.t + 5V.Cos.2.\pi.9.10^3.t \qquad\qquad [1.5.5]$$

Observando en la 1.5.5, la frecuencia de portadora es de 10 KHz y las frecuencias de las bandas laterales son de 11 y 9 KHz, respectivamente. Dicho de otra manera la frecuencia de la banda base que es de 1 KHz, está por encima y por debajo de la portadora. Estas tres componentes sumadas dan la forma de onda en el tiempo de la señal modulada.

Vamos a representar en tiempo y frecuencia todo lo expresado en la Fig. 1.5.1 representamos la modulante en tiempo y frecuencia en la Fig. 1.5.2 la portadora en tiempo y frecuencia y en la fig. 1.5.3 la señal modulada por amplitud en tiempo y frecuencia.

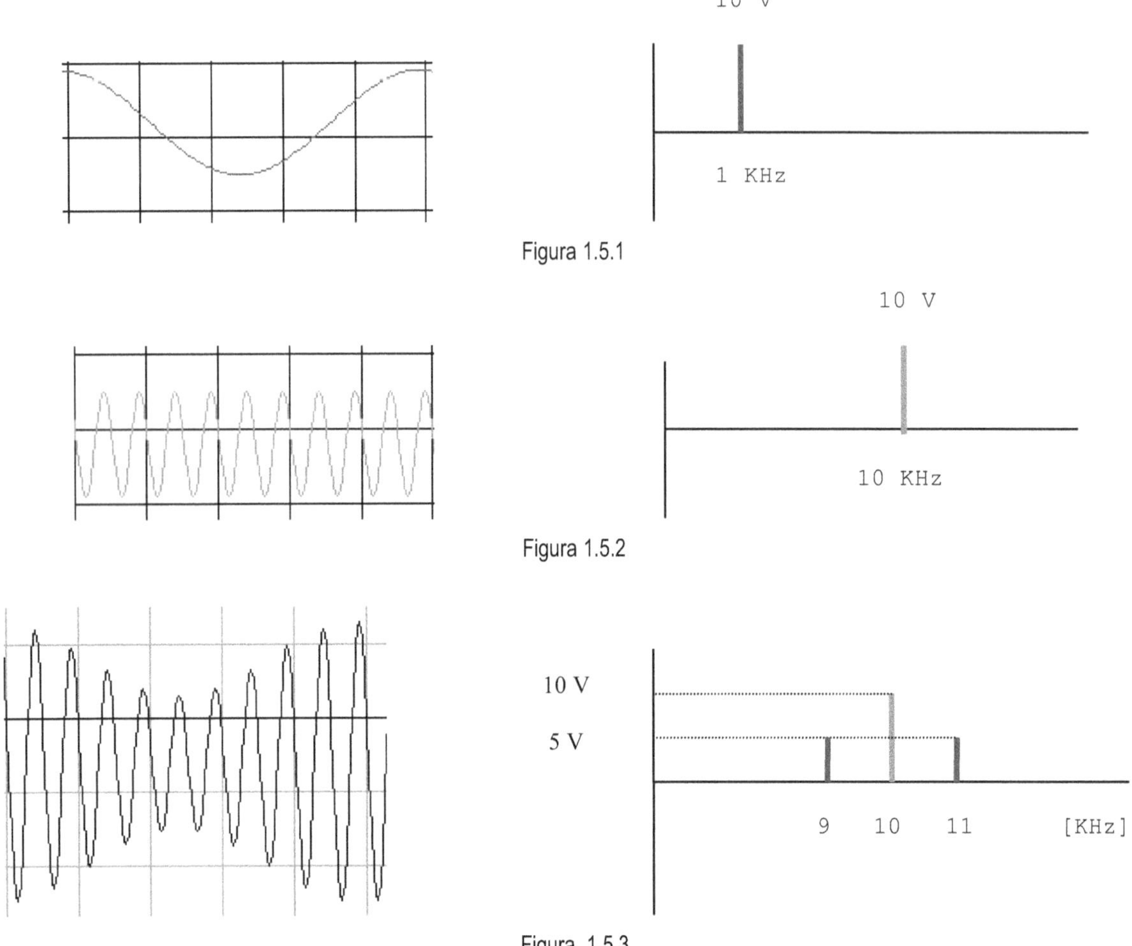

Figura 1.5.1

Figura 1.5.2

Figura 1.5.3

Se ve como la forma de la portadora cambia según la amplitud de la modulante y esta internamente tiene las tres componentes de frecuencia correspondientes a la portadora y las bandas laterales.

º Resolver la actividad 1.3 y 1.4

Representamos en la fig. 1.5.4 la señal modulada y la señal modulante y se ve como tiene la forma de la modulada sigue a la forma de la señal modulante.

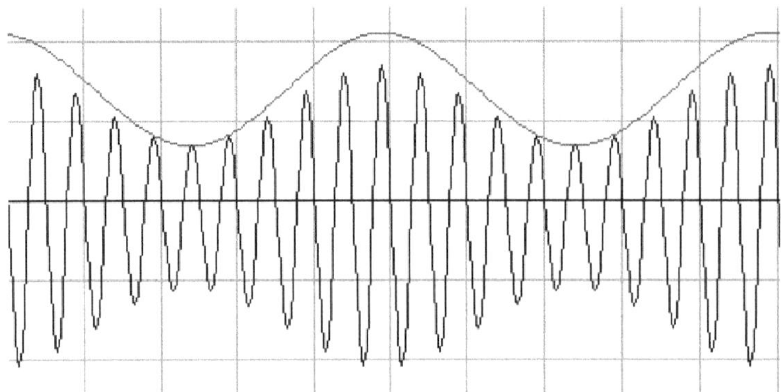

Figura 1.5.4   La señal **modulante** modela la forma de la portadora y se genera la **señal modulada**

1.6. El índice de modulación

Se define como índice de modulación al cociente entre la amplitud de la señal modulante y la amplitud de la portadora. En este caso tomamos las tensiones respectivas.

$$m = \frac{E_m}{E_c} \qquad\qquad [1.6.1]$$

De donde

$$E_m = m.E_c \qquad\qquad [1.6.2]$$

Reemplazando 1.6.1 en 1.4.4, nos queda:

$$\phi_{AM} = E_c Cos\,\omega_c t + \frac{m.E_c}{2} Cos\big(\omega_c + \omega_m\big)t + \frac{m.E_c}{2} Cos\big(\omega_c - \omega_m\big)t \qquad [1.6.3]$$

En esta expresión la señal modulada queda en función del índice de modulación y podemos analizar que ocurre en la señal modulada en función de los valores que tome este índice.

Si la señal modulante en menor que la portadora m es menor que uno y la señal modulada se ve como en la fig. 1.6.1, en este caso el valor es 0.6, que se expresa como un porcentaje del 60 %

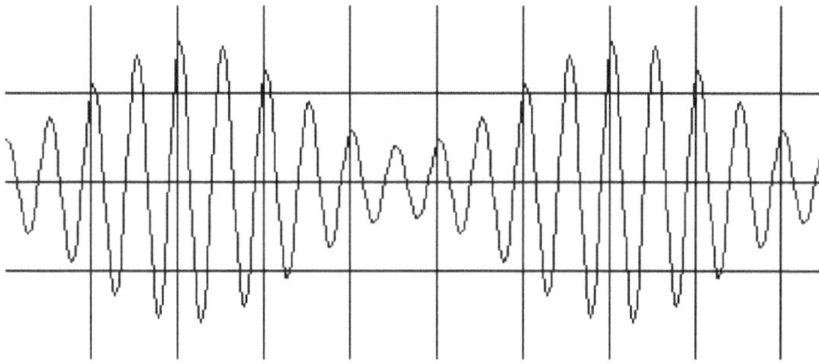

Figura 1.6.1

Si ambas amplitudes son iguales m vale 1 y el porcentaje de modulación es 100 % tal como se ve en la fig. 1.6.2

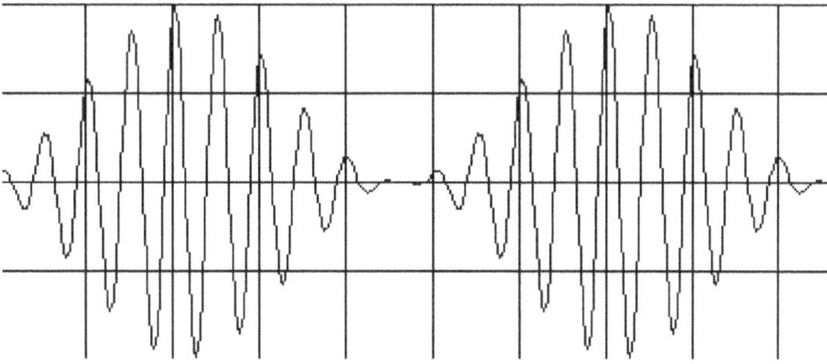

Figura 1.6.2

Si la amplitud de la modulante es mayor que la amplitud de la portadora m será mayor que 1, esto genera una sobremodulación que distorsiona la señal. En la fig. 1.6.3, se ve la situación para el caso de m = 1,3.

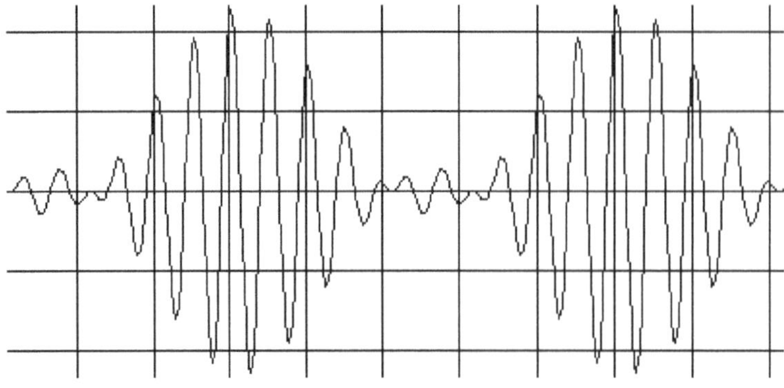

Figura 1.6.3

Por ello es que el índice de modulación puede ser menor o igual a uno. Se demostrará que el mejor porcentaje es el 100 %.

Ejemplo 1.6.1

En la expresión 1.5.5

$$\phi_{AM} = 10V.Cos.2.\pi.10^4 t + 5V.Cos.2.\pi.11.10^3.t + 5V.Cos.2.\pi.9.10^3.t$$

Determinar:

a) El índice de modulación.

b) La expresión para un m = 0,8.

Respuesta:

a) El segundo término corresponde a $\dfrac{m.E_c}{2} = 5$, lo que implica que si la tensión de portadora es de 10 V, el índice debe valer 1.

b) Si $m = 0,8 \rightarrow \dfrac{m.E_c}{2} = \dfrac{0,8.10V}{2} = 4V$, de donde la expresión será:

$$\phi_{AM} = 10V.Cos.2.\pi.10^4 t + 4V.Cos.2.\pi.11.10^3.t + 4V.Cos.2.\pi.9.10^3.t$$

º Resolver la actividad 1.5

1.7 Interpretando la envuelta de modulación

Ya hemos dicho que la señal modulante es quien modela la amplitud e la portadora esta forma adquirida se dice que tiene como envuelta a al modulación. Es decir que la amplitud de la portadora aumenta y disminuye con al de la modulante. Esto implica que el valor máximo que adquiere la portadora será la suma de ambas y el mínimo será la resta.

Estos valores se representan en la figura 1.7.1

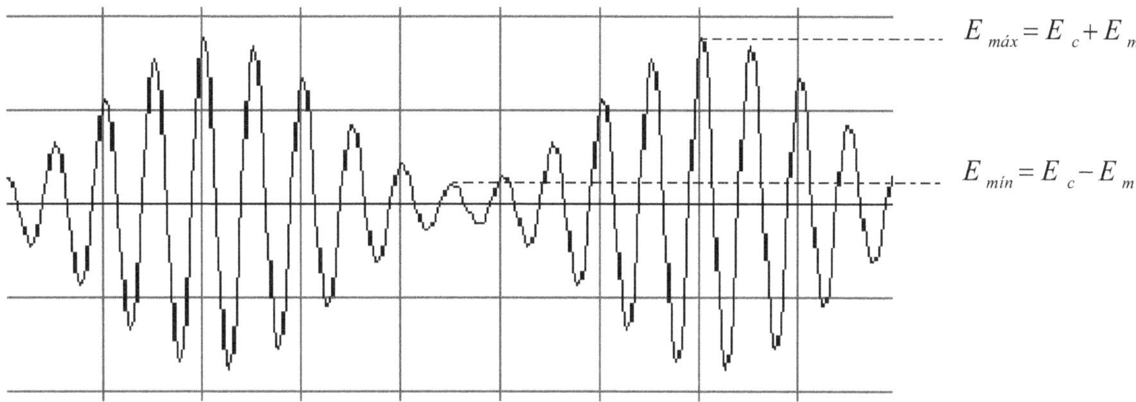

$$E_{máx} = E_c + E_m$$

$$E_{min} = E_c - E_m$$

Figura 1.7.1

Ejemplo 1.7.1

En la fig. 1.7.1 el valor máximo de la onda modulada es de 125 V y el mínimo de 25 V y sabiendo que la frecuencia de portadora es de   1 MHz y la modulante de 100 Khz.

Determinar:

    a) El índice de modulación.

    b) La expresión de la onda modulada.

    c) El espectro de líneas de la señal modulada.

a)

$$E_{max} = E_c + E_m = 125V$$

$$E_{min} = E_c - E_m = 25V$$

Operando para obtener E_m y E_c, para aplicarlas en el índice como el cociente de ambas

$$m = \frac{E_{max} - E_{min}}{E_{max} + E_{min}} = \frac{125 - 25}{125 + 25} = 0,\overset{\frown}{66}$$

b)

$$E_c = \frac{E_{max} + E_{min}}{2} = 75V$$

$$E_m = \frac{E_{max} - E_{min}}{2} = 50V$$

Aplicando 1.6.3

$$\phi_{AM} = 75VCos2\pi.10^6\,t + 25VCos2\pi.1,1.10^6\,t + 25VCos2\pi0,9.10^6\,t$$

c)

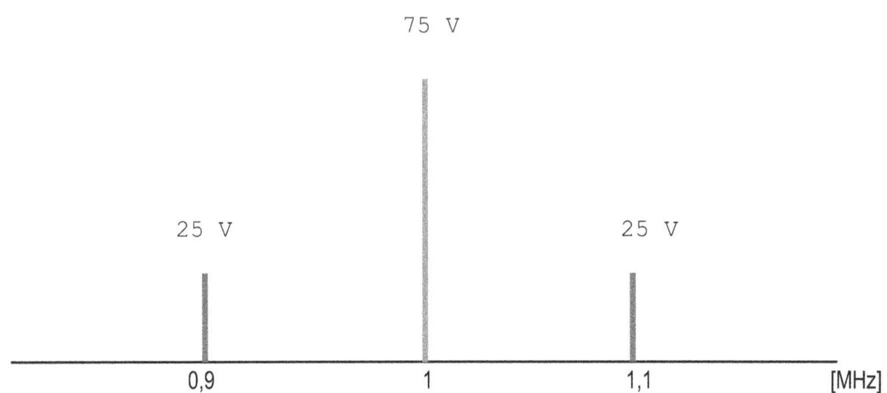

° Resolver la actividad 1.6

1.8 Análisis de potencia

La señal modulada contiene la información en las bandas laterales ya que es la misma banda base o información que aparece desplazada en frecuencia.

Al transmitir la señal modulada, el contenido de potencia se obtendrá como la que aportan las dos bandas laterales y la que aporta la portadora. La pregunta que se puede realizar esta referida a saber si toda la potencia que se obtiene es realmente útil.

Para ello analizaremos esta problemática para una onda modulada periódica. Se calculará primero la potencia de portadora, luego la de las bandas laterales y por último la potencia total como la suma de la de portadora mas la de las bandas laterales.

Teniendo en cuenta que, como se opera con ondas senoidales periódicas, deben tomarse valores eficaces estos se resuelven dividiendo el valor de pico por la raíz cuadrada de dos, tal que el valor eficaz de la portadora

$$E_{efc} = \frac{E_c}{\sqrt{2}} \qquad\qquad [1.8.1]$$

Para la modulante

$$E_{efm} = \frac{E_m}{\sqrt{2}} = \frac{m.E_c}{\sqrt{2}} \qquad\qquad [1.8.2]$$

Tomando como impedancia de carga Z_L, la Potencia de portadora será:

$$P_c = \frac{E_c^{\;2}}{2.Z_L} \qquad\qquad [1.8.3]$$

La potencia de una banda lateral

$$P_{1BL} = \frac{(mE_c)^2}{8.Z_L}$$

[1.8.4]

La potencia de dos bandas laterales

$$P_{2BL} = \frac{(mE_c)^2}{4.Z_L}$$

[1.8.3]

Que se puede expresar como:

$$P_{2BL} = \frac{m^2}{2} P_c$$

[1.8.5]

La potencia total será la suma de la de portadora y la de las dos bandas laterales

$$P_T = P_c + P_{2BL} = P_c\left(1 + \frac{m^2}{2}\right)$$

[1.8.6]

Teniendo en cuenta que de lo que se transmite solo se puede aprovechar la potencia de las dos bandas laterales, el rendimiento de la técnica se obtiene como el cociente entre la potencia de las dos bandas laterales y la total.

$$\eta = \frac{P_{2BL}}{P_T} = \frac{P_c \dfrac{m^2}{2}}{P_c(1 + \dfrac{m^2}{2})} = \frac{m^2}{2 + m^2}$$

[1.8.7]

Sabiendo que no se pueden utilizar índices de modulación mayor que 1, el mejor rendimiento se obtendrá con m = 1, siendo en este caso el rendimiento 0,3 es decir 33 %.

Esto significa que si la potencia de portadora es 100 W, con $m = 1$, la potencia de las dos bandas laterales será de 50 W. La potencia total transmitida será de 150 W y solo aprovechará el 33 %. Tal como se ve en la figura 2.8.1

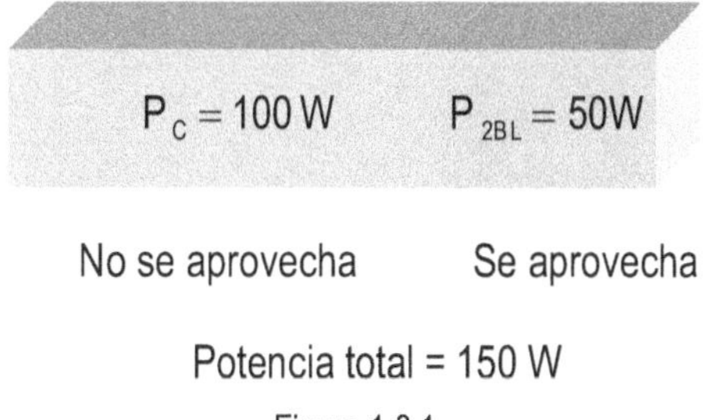

Figura 1.8.1

Ejemplo 1.8.1

Un tono de 10 V de amplitud y frecuencia 10 KHz, de forma cosenoidal, modula en amplitud a una portadora de 100 KHz, con un índice de modulación del 80 %.

Si el sistema carga sobre una impedancia de 50 Ohms.

Determinar:

   a) La expresión de la onda modulada.

   b) El valor de la tensión de pico de portadora.

   c) La expresión de la onda portadora.

   d) La expresión de la onda modulada.

   e) La potencia de la portadora.

   f) La potencia total.

   g) El rendimiento de modulación.

   h) Gráfica amplitud vs. frecuencia de la señal modulada.

Respuestas:

a)

$$e_{m(t)} = E_m Cos\,\omega_m t = 10V Cos\,2\pi 10^4 t$$

b)

$$E_c = \frac{E_m}{m} = \frac{10V}{0,8} = 12,5V$$

c)

$$e_{c(t)} = E_c Cos\,\omega_c t = 12,5V Cos\,2\pi 10^5 t$$

d)

$$\phi_{AM} = 12,5 Cos\,2\pi 10^5 t + 5V Cos\,2\pi 11.10^4 t + 5V Cos\,2\pi 9.10^4 t$$

e)

$$P_c = \frac{12,5^2}{2.50} = 1,5625W$$

f)

$$P_T = 1,5625W\,(1 + \frac{0,8^2}{2}) = 2,0625W$$

g) La potencia de las dos bandas laterales es de 0,5 W

$$\eta = \frac{0,5}{2,0625} = 0,\overset{\frown}{24} \quad \text{por las potencias}$$

$$\eta = \frac{0,8^2}{2 + 0,8^2} = 0,\overset{\frown}{24} \quad \text{por el índice}$$

h)

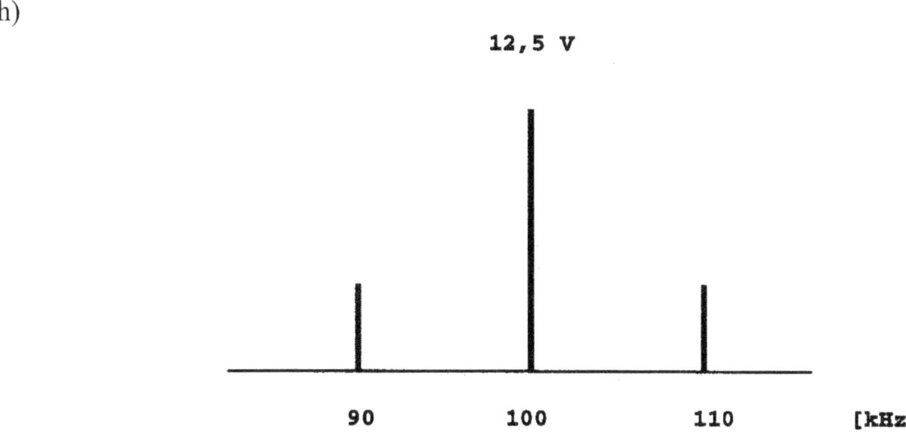

º Resolver las actividades 1.7 y 1.8

1.9 AM con banda base no periódica.

Si tomamos una señal no periódica, todo lo expresado hasta ahora es lo mismo, nada más que la modulante ocupa un ancho de banda que depende de cual es la máxima frecuencia que se transmite.

En la fig. 1.9.1, se muestra todo el proceso de modulación de una señal no periódica que modula a una portadora cosenoidal. El proceso se ve en tiempo y frecuencia.

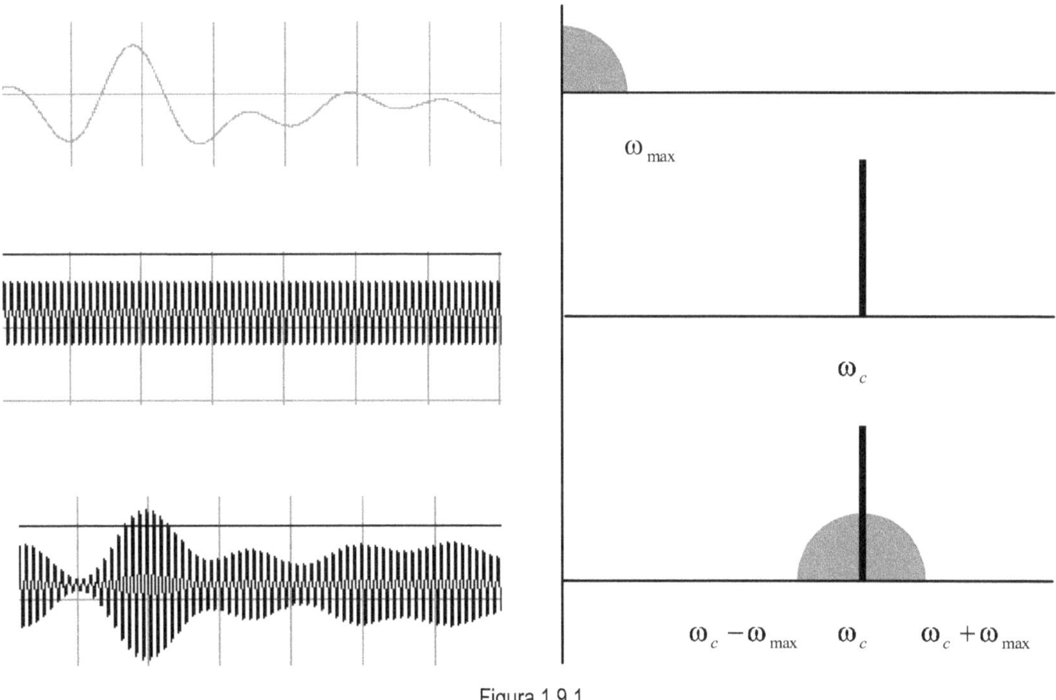

Figura 1.9.1

En la fig.1.9.1, se visualiza claramente que el ancho de banda base es ω_{max} y expresado en Hz es f_{max}. Cuando esta se modula ocupa el doble es decir que el ancho de banda de la señal modulada es $2.\omega_{max}$ o expresada en Hz es $2.f_{max}$

Ejemplo 1.9.1

En el ejemplo 1.8.1,

Determinar:

    a) El ancho de banda base.

    b) El ancho de banda de la señal modulada.

    c) Indicar en el diagrama espectral de la señal modulada el ancho de banda de la señal de AM.

Respuestas:

a) 10 KHz

b) 20 KHz

c)

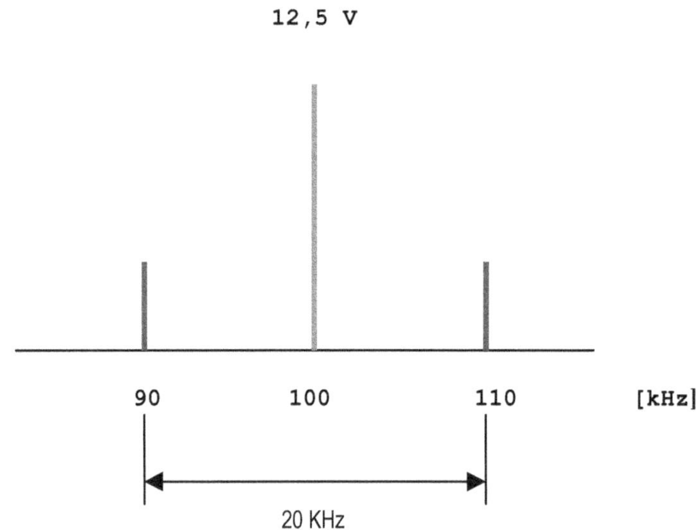

º Resolver la actividad 1.9

1.10 Demodulación de AM por envuelta.

El proceso de recuperar la banda base que esta dentro de una señal modulada se la denomina demodulación. Existen dos métodos de demodulación de AM, por envuelta y por reinyección, en este punto analizaremos el primero.

En una señal de AM, hemos aclarado que la envuelta de modulación es debida a la banda base. Es decir la forma de la señal modulada es la misma información. Esta modela simétricamente, por arriba y por abajo a la portadora. Por ello con un diodo podemos tomar la parte que se desee y con un filtro pasa bajo recuperar la banda base.

Por la composición espectral de Fourier, sabemos que la señal a la salida del diodo, tiene una composición espectral muy grande, componente continua, banda base y bandas laterales armónicas, de tal manera que el filtro deja pasar la seleccionada que es la banda base. Esta es muy fácil de recuperar ya que es la envuelta misma. En la fig. 1.10.1, se muestra un circuito detector de envuelta con un diodo y filtro pasa bajos conformados por la R y la C

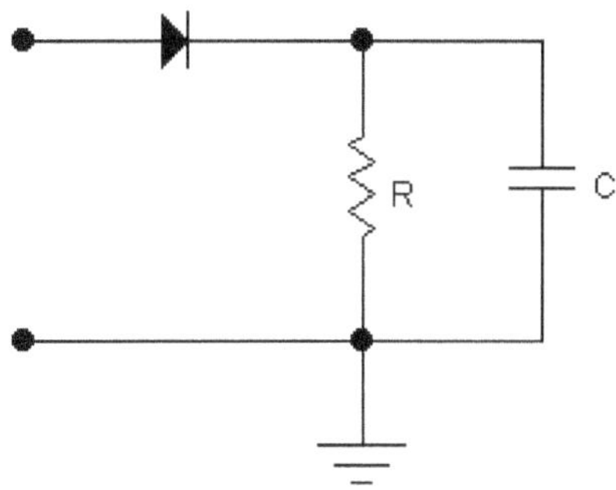

Figura 1.10.1

En la fig. 1.10.2, se muestra la entrada de una AM, la salida del diodo sin filtro y luego con filtro

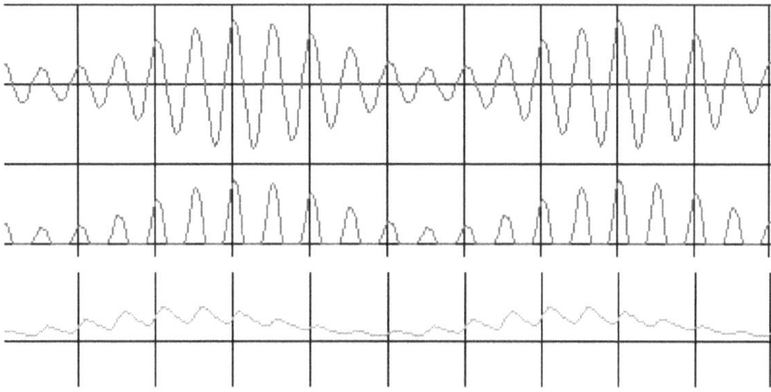

Figura 1.10.2

Note que es muy importante la elección del filtro, cuya constante de tiempo RC, debe ser calculado en función del período de la portadora y el de la modulante. Analizamos la fig. 1.10.3

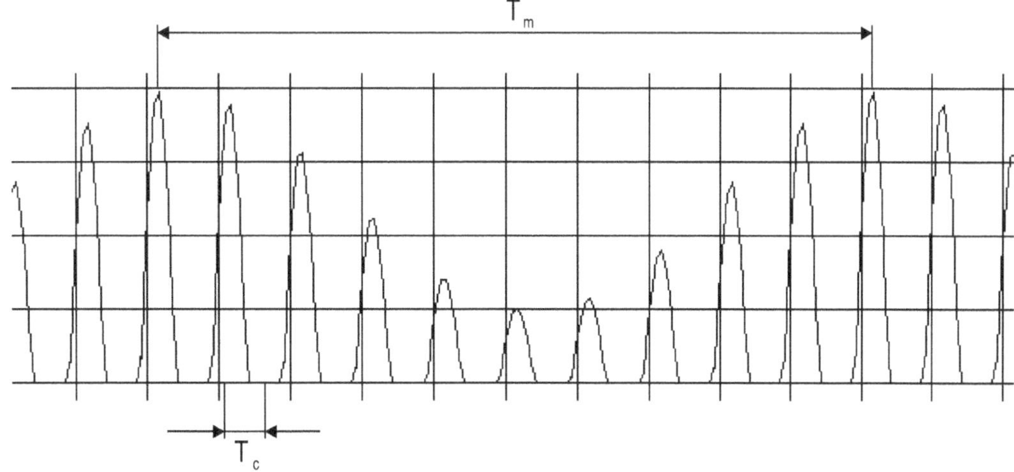

Figura 1.10.3

A la salida del diodo se observa la señal de AM en la cual se marcaron el período de la modulante y el de la portadora (T_c) y el de la modulante (T_m). Esto permite comprender que la constante del filtro RC, debe elegirse adecuadamente para llenar los espacios correspondiente de la portadora y seguir la forma de la modulante.

Si la RC es muy grande respecto de T_m, se obtendrá un salida continua como se ve en la fig. 1.10.4

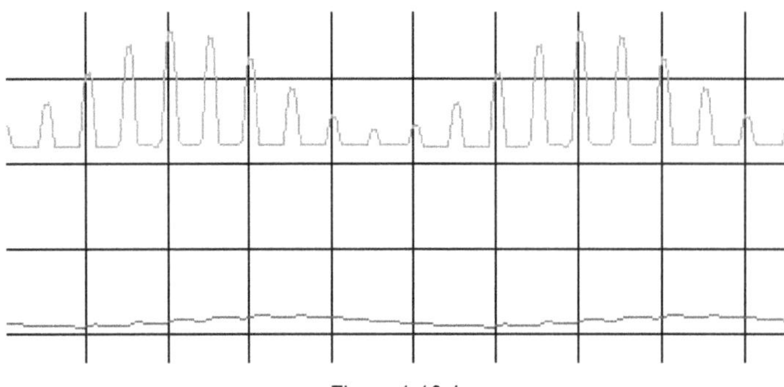

Figura 1.10.4

Al ser la RC $\gg T_m$, se ve a la salida una componente continua.

Si se elige una RC muy pequeña, es decir RC $\ll T_c$, ocurrirá que la no se obtendrá la banda base a la salida, tal como se ve en la fig. 1.10.5

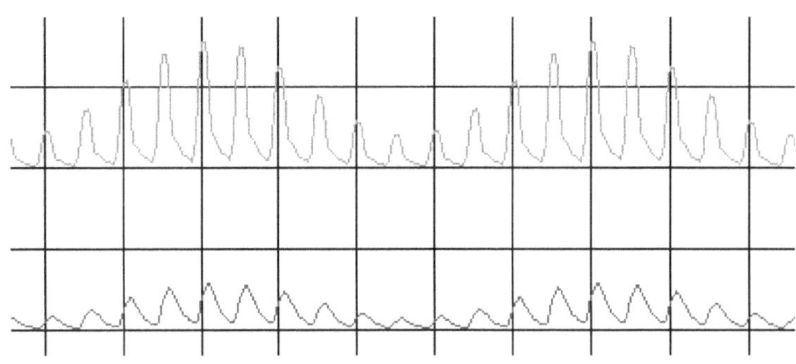

Figura 1.10.5

De donde la elección de la constante de tiempo del filtro debe ser tal que

$$T_c \ll R.C \ll T_m$$

Este criterio logra recuperar la banda base y se mostró en la fig. 1.10.2, es conveniente tomar el período de la máxima frecuencia de la señal modulante, es decir para el ancho de banda base. Un criterio que se toma para el concepto de mucho mayor, es de 5 a 10 veces respecto del período de la portadora como referencia y verificar que ese valor sea meno que el período de la modulante.

Ejemplo 1.10.1

Si se demodula por envuelta la señal del ejemplo 1.8.1

Determinar:

a) El período de la portadora.

b) El período de la modulante.

c) La constante de tiempo del filtro para recuperar la banda base.

d) El valor del capacitor en micro Faradio si se elige una R de 1000 Ohms.

Resolución:

a) La frecuencia de la portadora es de 100 KHz, de donde el período será

$$T_c = \frac{1}{f_c} = \frac{1}{10^5} = 10^{-5}\, seg. = 10\,\mu seg.$$

b) La frecuencia de la modulante es de 10 KHz, de donde el período será

$$T_m = \frac{1}{f_m} = \frac{1}{10^4} = 10^{-4}\, seg. = 100\,\mu seg.$$

c) Para al constante de tiempo

$$10\,\mu seg << RC << 100\,\mu seg.$$

Tomando el criterio de 5 veces podemos expresar que el valor de $RC = 50\,\mu seg.$ es muy adecuado

d) El valor de C

$$C = \frac{50.10^{-6}\, seg.}{1000\,\Omega} = 5.10^{-8}\, Faradios = 0,05\,\mu F$$

º Resolver la actividad 1.10

1.11 La detección de AM por reinyección de portadora

En este método se toma la señal modulada y se la multiplica por la portadora. Por ello se lo denomina por reinyención o detección sincrónica.

A la salida de este producto se obtienen componentes de frecuencia, tales como una componente de continua, la banda base y una nueva señal modulada en AM pero en la segunda armónica de la portadora y por ello se debe colocar un filtro pasa bajo para recuperar la banda base original.

En la fig. 1.11.1, se muestra el diagrama en bloques de la técnica.

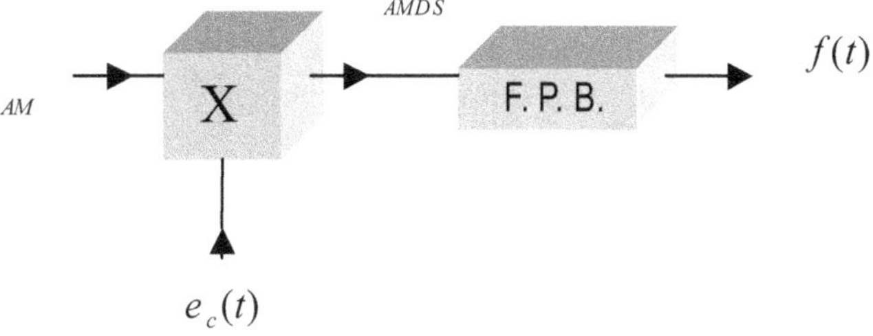

Figura 1.11.1

Desarrollaremos la expresión de la detección sincrónica, tomando la 1.4.2 y multiplicándola por la portadora queda

$$\phi_{AMDS} = \{[E_c + E_m Cos\,\omega_m t]Cos\,\omega_c t\}E_c Cos\,\omega_c t \qquad\qquad [1.11.1]$$

Operando

$$\phi_{AMDS} = \{[E_c + E_m Cos\,\omega_m t]E_c Cos^2\omega_c t\} \qquad\qquad [1.11.2]$$

Aplicando identidad trigonométrica de Coseno por coseno.

$$\phi_{AMDS} = [E_c + E_m Cos\omega_m t]\frac{E_c}{2}[1 + Cos.2.\omega_c t]$$

$$= [E_c + E_m Cos\omega_m t].\left[\frac{E_c}{2} + \frac{E_c}{2}Cos.2.\omega_c t\right] \qquad\qquad [1.11.3]$$

Resolviendo

$$\phi_{AMDS} = \frac{E_c^2}{2} + \frac{E_c^2}{2}Cos.2.\omega_c t + \frac{E_m.E_c}{2}Cos\,\omega_m t + \frac{E_m.E_c}{2}Cos.2.\omega_c t.Cos\,\omega_m t \qquad [1.11.4]$$

continua

segunda armónica de ω_c

banda base

doble banda lateral $2\cdot\omega_c$

Se ve que aparece un término de continua, el segundo tiene el doble de frecuencia de la portadora o lo que es lo mismo la portadora en segunda armónica, el tercero es la banda base pues tiene la componente de frecuencia de la modulante y el último por la identidad trigonométrica de coseno por coseno vuelve a dar la suma y diferencias de las frecuencias y como ya se ha visto son las dos bandas laterales pero al doble de frecuencia de la portadora. Resolviendo la 1.11.4

$$\phi_{AMDS} = \frac{E_c^2}{2} + \frac{E_c^2}{2}Cos.2.\omega_c t + \frac{E_m.E_c}{2}Cos\omega_m t + \frac{E_m.E_c}{4}Cos(2\omega_c + \omega_m)t + \frac{E_m.E_2}{4}Cos(2\omega_c - \omega_m)t \qquad [1.11.5]$$

Por ello se hace menester el filtro para dejar pasar solamente la banda base. En la fig. 1.11.2 se representa el proceso de la detección sincrónica en tiempo y frecuencia para todos los puntos del diagrama de la fig. 1.11.1

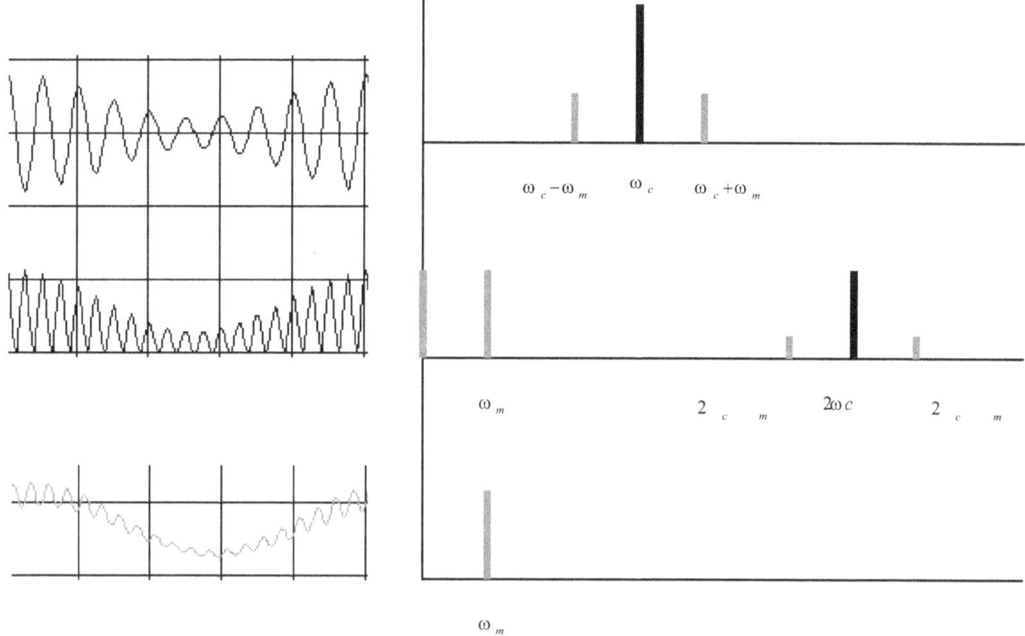

Figura 1.11.2

Las amplitudes de la fig. 1.11.2, mantienen una relación cualitativa ya que los valores estén en la 1.11.5, sin embargo se ve claramente la concepción de cómo el filtro deja pasar solamente la banda base.

En este gráfico la señal modulante es periódica y si no lo es aparecerá toda la banda base tal como se viene desarrollando.

En la fig. 1.11.3, se muestra el mismo proceso con una señal de AM con una banda base no periódica.

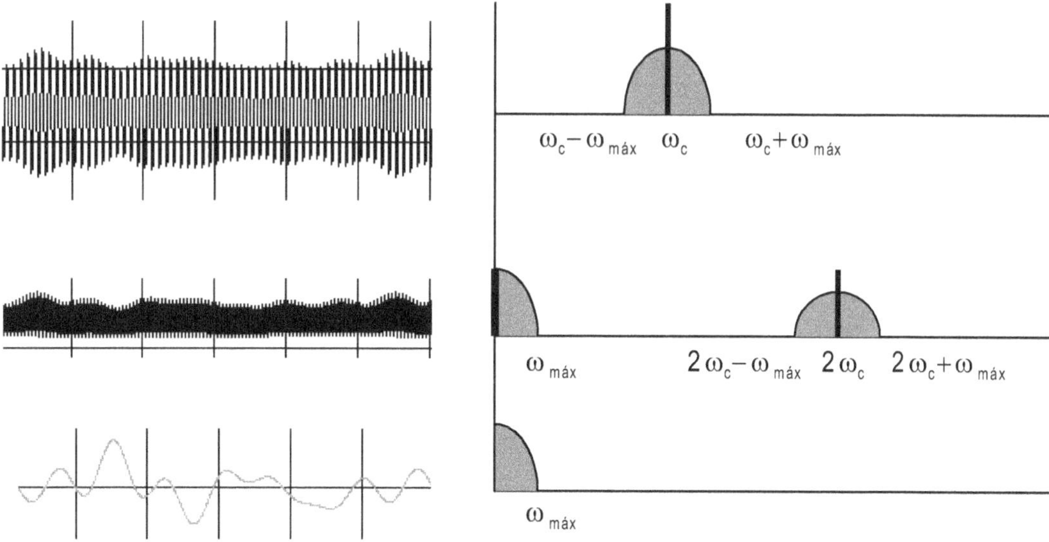

Figura 1.11.3

Ejemplo 1.11.1

Una señal de AM, tiene la siguiente expresión:

$$\phi_{AM} = \left[1.V + 1.V.Cos.2.\pi.10^3\,t\right]Cos.2.\pi.10^4\,t$$

Determinar:

a) La amplitud de la portadora.

b) La amplitud de la modulante.

c) El índice de modulación

d) La expresión de la detección sincrónica

Respuestas

a) 1 Voltio

b) 1 Voltio

c) m = 1

d) Tomando la 1.11.5, reemplazando los valores y resolviendo

$$\phi_{AMDS} = \frac{E_c^2}{2} + \frac{E_c^2}{2}Cos.2.\omega_c t + \frac{E_m.E_c}{2}Cos\omega_m t + \frac{E_m.E_c}{4}Cos(2\omega_c + \omega_m)t + \frac{E_m.E_2}{4}Cos(2\omega_c - \omega_m)t$$

$$\phi_{AMDS} = \frac{1}{2} + \frac{1}{2}Cos.4.\pi.10^4 t + \frac{1}{2}Cos.2.\pi.10^3 t + \frac{1}{4}Cos.2.\pi.(2.10^4 + 10^3).t + \frac{1}{4}Cos.2.\pi.(2.10^4 - 10^3).t$$

$$\phi_{AMDS} = \frac{1}{2} + \frac{1}{2}Cos.4.\pi.10^4 t + \frac{1}{2}Cos.2.\pi.10^3 t + \frac{1}{4}Cos.42.\pi.10^3.t + \frac{1}{4}Cos.38.\pi.10^3.t$$

1.12 Modulación de producto

Si realizamos el producto de la banda base por la portadora surge una forma de modulación de doble banda lateral con portadora suprimida. Es decir la banda base se traslada en frecuencia pero no aparece el tono de portadora.

En la fig. 1.12.1, se presenta un esquema de bloques del proceso, donde la banda base se la multiplica por la portadora en un circuito multiplicador, que también se lo denomina modulador de producto.

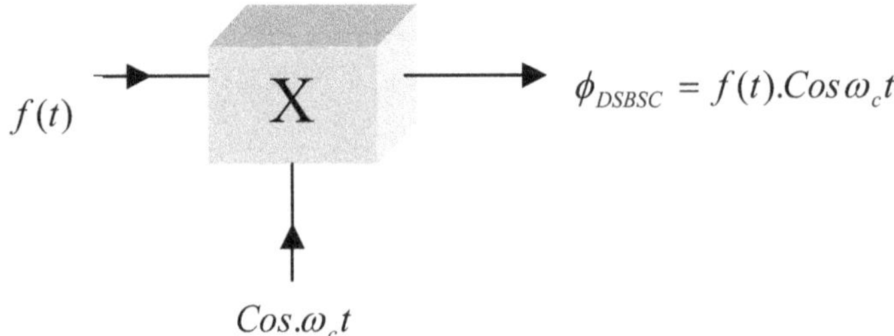

Figura 1.12.1

Realizamos el producto, tomando como banda base un tono cosenoidal periódico de tal manera que

$$\phi_{DSBSC} = e_c(t).e_m(t) = E_c Cos\,\omega_c t.E_m Cos\,\omega_m t \qquad [1.12.1]$$

Aplicando la identidad trigonométrica de coseno por coseno

$$\phi_{DSBSC} = \frac{E_c.E_m}{2} Cos(\omega_c + \omega_m)t + \frac{E_c.E_m}{2} Cos(\omega_c - \omega_m)t \qquad [1.12.2]$$

Se ve que la banda base aparece a ambos lados de la frecuencia de la portadora y aparece el término de portadora, por eso se la denomina doble banda lateral con portadora suprimida (DSBSC). En la fig. 1.12.2, representamos el proceso en tiempo y frecuencia.

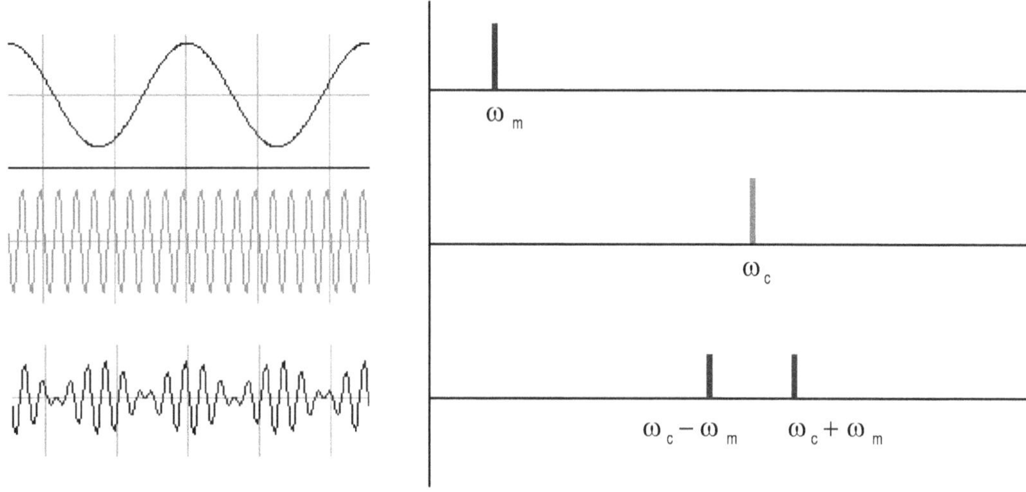

Figura 1.12.2

El ancho de banda es lo mismo que en AM convencional, es decir el doble de la banda base.

A efectos de ampliar estos concepto, ya se ha dicho que en un señal modulada con portadora, la banda base tiene coincidencia simétrica por arriba y debajo de la portadora, como se ve en la fig. 1.7.1. Pero en una señal que no tiene portadora, la banda base tiene coincidencias en los cruces con la portadora y además cada vez que pasa por cero la señal cambia la fase. Esto se muestra en la fig.1.12.3, donde se ve una señal DSBSC, con la modulante superpuesta.

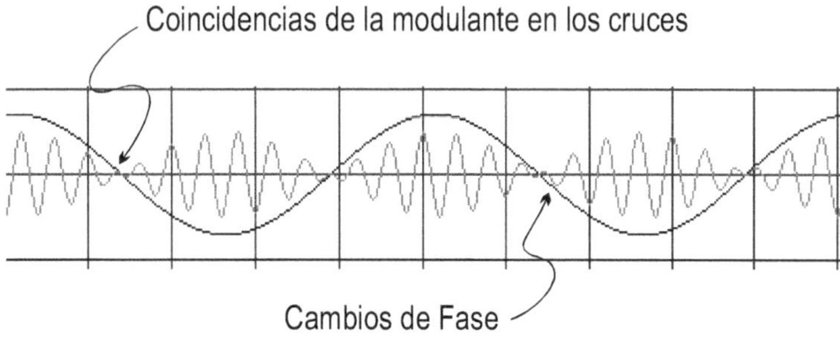

Este tipo de señales que no tienen portadora solo pueden ser demoduladas sincrónicamente.

Ejemplo 1.12.1

Una señal modulante cosenoidal de 10 V de amplitud y 20 KHz de frecuencia modula por producto a una portadora de 10 V, cosenoidal y de 100 KIIz de frecuencia.

Determinar:

    a) La expresión de la señal modulante.

    b) La expresión de la portadora.

    c) La expresión de la señal modulada.

    d) Una representación espectral de la señal modulada.

    Repuestas

a)

$$e_m(t) = 10.VCos.2.\pi.20.10^3 t = 10.VCos.40.\pi.10^3 t$$

b)

$$e_c(t) = 10.VCos.2.\pi.10^4 t$$

c) Reemplazando en 1.12.2

$$\phi_{DSBSC} = \frac{E_c.E_m}{2} Cos(\omega_c + \omega_m)t + \frac{E_c.E_m}{2} Cos(\omega_c - \omega_m)t$$

$$\phi_{DSBSC} = 50V.Cos.2.\pi.120.10^3 t + 50V.Cos.2.\pi.80.10^3 t =$$
$$= 50V.Cos.240.\pi.10^3 t + 50V.Cos.160.\pi.10^3 t$$

d)

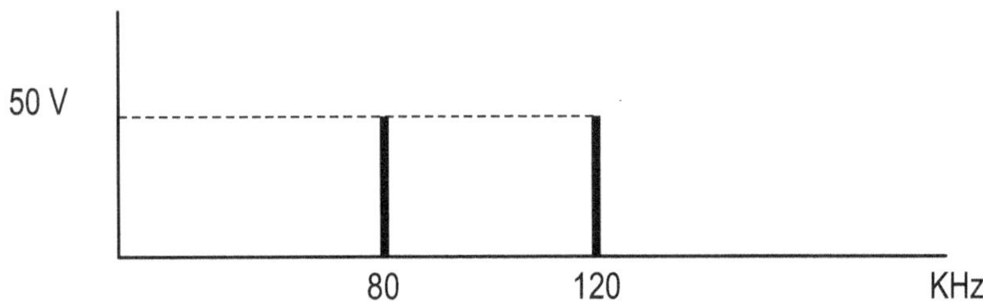

º Resolver las actividades 1.11 y 1.12

1.13 Demodulación de DSBSC

Para la demodulación, se debe reinyectar nuevamente la portadora. Este nuevo producto dará una composición espectral de banda base y una nueva doble banda lateral con portadora suprimida en segunda armónica, para lo cual será menester un filtro pasa bajos.

La función de detección sincrónica de DSBSC se obtiene multiplicando la señal modulada por la portadora, tal como se ve en el diagrama de cajas de la fig. 1.13.1

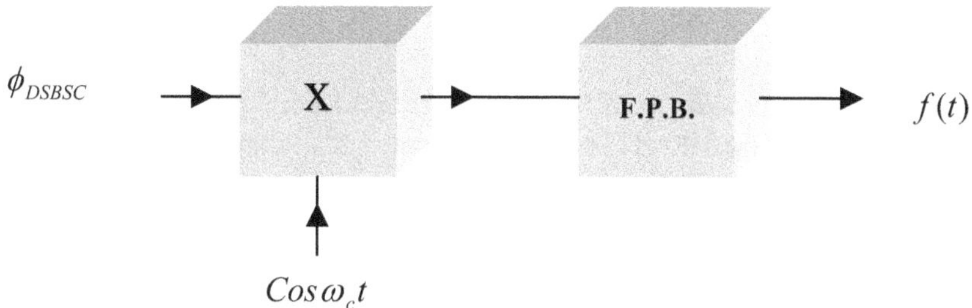

Figura 1.13.1

El desarrollo de la detección sincrónica se muestra a continuación, multiplicando a la 1.12.2 por la portadora, se genera la función DSBSCDS (doble banda lateral con portadora suprimida detectada sincrónicamente)

$$\phi_{DSBSCDS} = \left[\ \frac{E_c.E_m}{2}\,Cos(\omega_c + \omega_m)t + \frac{E_c.E_m}{2}\,Cos(\omega_c - \omega_m)t\ \right]E_c\,Cos\,\omega_c t \qquad [1.13.1]$$

Aplicando la identidad trigonométrica de coseno por coseno.

$$\phi_{DSBSCDS} = \left[\frac{E_c^2.E_m}{4}\,Cos\,\omega_m t + \frac{E_c^2.E_m}{4}\,Cos.(2.\omega_c + \omega_m)t + \frac{E_c^2.E_m}{4}\,Cos\,\omega_m t + \frac{E_c^2.E_m}{4}\,Cos(2.\omega_c - \omega_m)t\right] \qquad [1.13.2]$$

Agrupando

$$\phi_{DSBSCDS} = \left[\frac{E_c^2.E_m}{2}\,Cos\,\omega_m t + \frac{E_c^2.E_m}{4}\,Cos.(2.\omega_c + \omega_m)t + \frac{E_c^2.E_m}{4}\,Cos(2.\omega_c - \omega_m)t\right] \qquad [1.13.3]$$

banda base

banda lateral superior en $2\cdot\omega_c$

banda lateral inferior en $2\cdot\omega_c$

El filtro pasa bajo dejara pasar solamente la señal original. En la fig. 1.13.2, se muestra el proceso completo en tiempo y frecuencia.

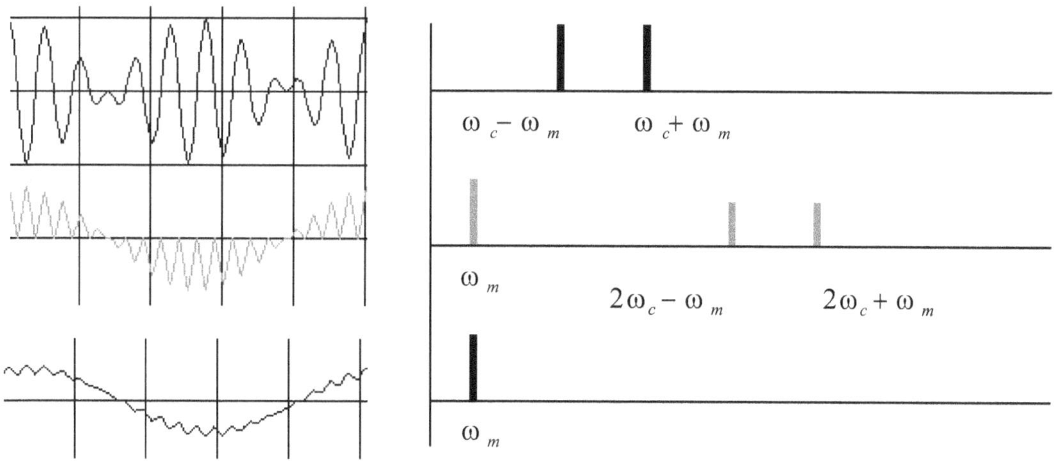

Figura 1.13.2

Ejemplo 1.13.1

Una señal modulante cosenoidal de 1 V de amplitud y 15 KHz de frecuencia modula por producto a una portadora de 1 V, cosenoidal y de 100 KHz de frecuencia. Esta señal es demodulada sincrónicamente

Determinar:

    a) La expresión de la señal modulada.

    b) La expresión de la detección sincrónica.

    c) Una representación espectral de la señal detectada.

Respuestas:

a)

$$\phi_{DSBSC} = \frac{1}{2}.V.Cos.2.\pi115.10^3\,t + \frac{1}{2}.VCos.2.\pi.85.10^3\,t$$

b)

$$\phi_{DSBSCDS} = \left[\frac{1}{2}.V.Cos.2.\pi.115.10^3\,t + \frac{1}{2}.V.Cos.2.\pi.85.10^3\,t\right].1.V.Cos.2.\pi.10^5\,t$$

$$\phi_{DSBSCDS} = \frac{1}{2}.V.Cos.2.\pi.15.10^3\,t + \frac{1}{4}.V.Cos.2.\pi.215.10^3\,t + \frac{1}{4}.V.Cos.2.\pi.185.10^3\,t$$

c) Representación espectral de la señal detectada sincrónicamente

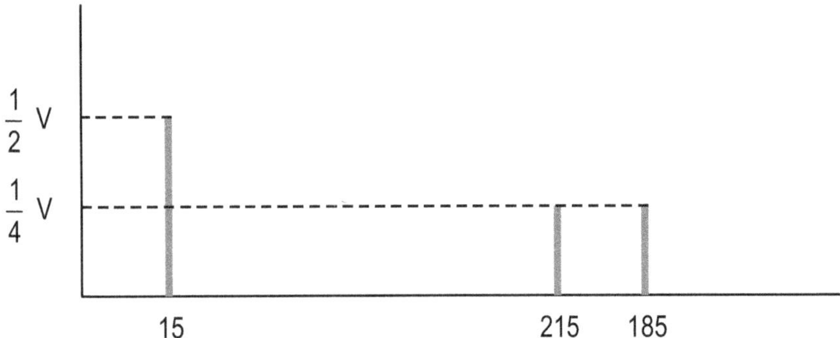

  º Resolver la actividad 1.13

1.14 Banda lateral única

En las técnicas anteriores, el ancho de banda de la señal modulada es el doble del ancho de la banda base. La información esta repetida en cada banda lateral y simplemente se podría transmitir solamente una banda lateral. De esta manera el ancho de la señal modulada es el mismo de la banda base. Aprovechando mejor los recursos del espectro. Esta técnica recibe el nombre de banda lateral única (SSB o BLU en castellano). En la fig. 1.14.1, muestra la representación espectral de una señal DSBSC, donde se ve claramente que si se transmite una sola banda el ancho de banda disminuye a la mitad

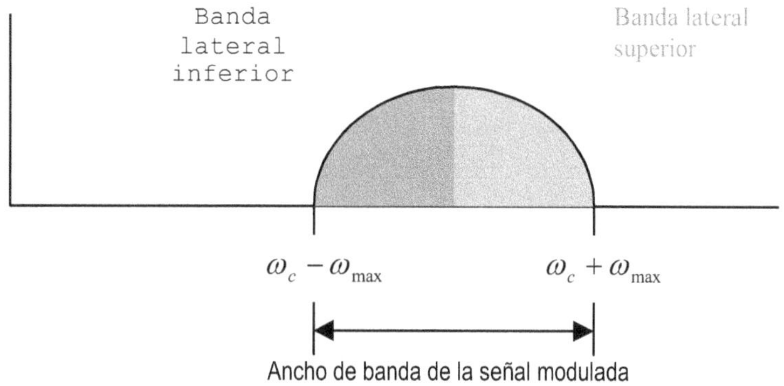

Figura 1.14.1

Hay varios métodos de obtención entre los cuales podemos mencionar el método del filtro y el de la cancelación de fase. Todos en general parten de modular en doble banda lateral con portadora suprimida y por diversos métodos intentan eliminar una de las bandas.

1.15 Método del filtrado

En el método del filtrado se modula por producto y luego se filtra. Sin embargo debido a la dificultad de implementar filtros de gran pendiente, es necesario realizar doble conversión, una en frecuencia de portadora baja para alejar las bandas laterales y por último se modula en la portadora de transmisión.

En la figura 1.15.1 se presenta el diagrama en bloques del sistema.

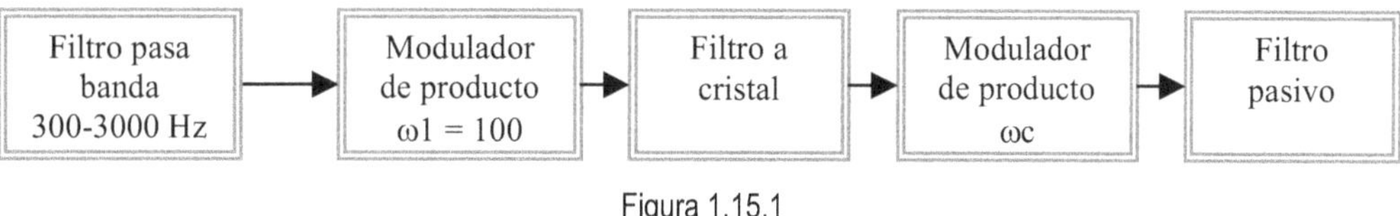

Figura 1.15.1

Partiendo de acotar la banda base, en este caso entre 300 y 3000 Hz, de donde la idea es separar las bandas laterales con una portadora baja en esta caso 100 KHz, para lo cual el filtro tendrá una distancia de 600 Hz entre bandas y sobre esa frecuencia y no sobre la portadora, en esta situación los filtros de cristal actúan muy bien.

Luego en una segunda conversión las bandas laterales quedan separadas dos veces la ω1 más 600 Hz, con lo que con filtros simples se elimina una banda lateral y en la frecuencia de portadora. En la figura 1.15.2 se analiza en frecuencia lo expresado.

La problemática típica de este método es que en general exige una gran calidad de filtros en especial el primero. Sin embargo en la actualidad la tecnología aplicada a los filtros es excepcional y este es casi el único método utilizado para la BLU.

Cuando el filtrado era un inconveniente, el método alternativo de la cancelación de fase surgió como una propuesta sin filtros.

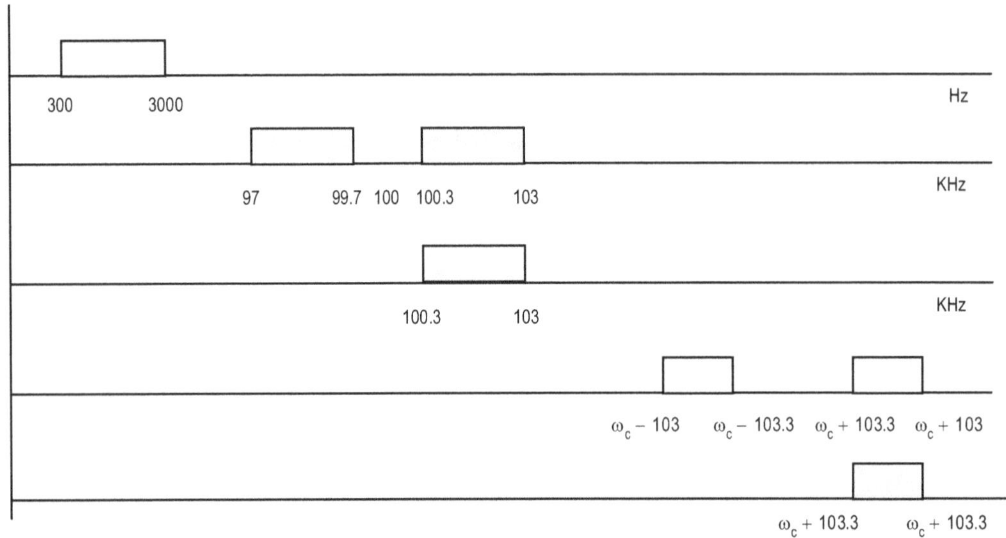

Figura 1.15.2

1.16 Método de la cancelación de fase

Un método que intenta eliminar el uso de los filtros es el de la cancelación de fase, que genera bandas laterales que se cancelan entre si. En la figura 1.16.1 se presenta el diagrama en bloques del método.

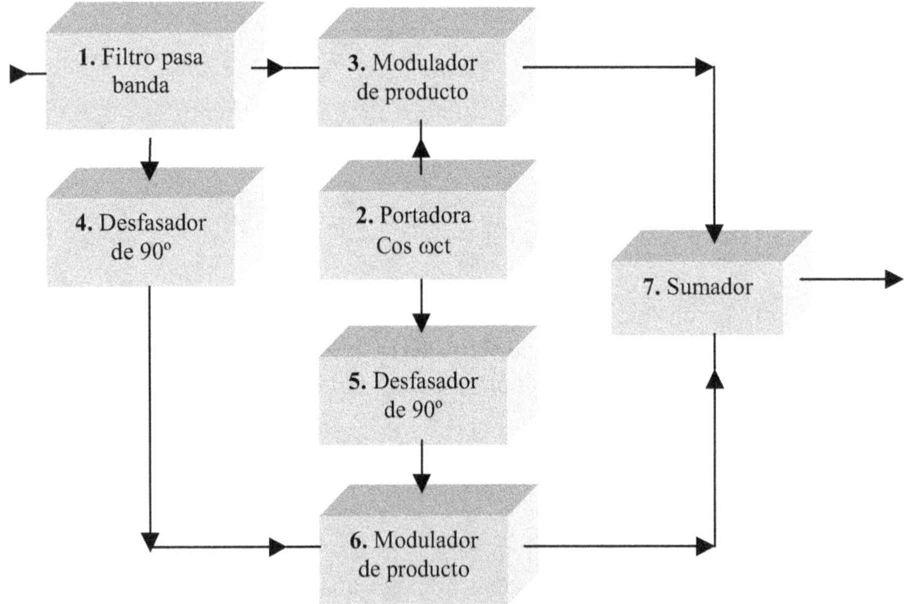

Figura 1.16.1

Se discute a continuación la señal en cada punto de manera analítica, en el tiempo y para expresiones periódicas.

En el punto 1 ingresa la banda base como un tono cosenoidal.

$$e_m(t) = EmCos\omega_m t \qquad\qquad [1.16.1]$$

En el punto 2 la portadora tiene forma cosenoidal

$$e_c(t) = EcCos\omega_c t \qquad\qquad [1.16.2]$$

En el 3 se realiza la modulación de producto y se obtiene doble banda lateral con portadora suprimida utilizando la propiedad trigonométrica de Cos por Cos, quedando.

$$\phi_1(t) = \frac{Ec.Em}{2}Cos(\omega_c + \omega_m)t + \frac{Ec.Em}{2}Cos(\omega_c - \omega_m)t \qquad [1.16.3]$$

En el punto 4 la banda base del punto 1 se desfasa 90° y queda.

$$em(t) = EmSen\omega_m t \qquad\qquad [1.16.4]$$

En el punto 5 la portadora del punto 2 se desfasa 90° y queda de forma senoidal

$$ec(t) = EcSen\omega_m t \qquad\qquad [1.16.5]$$

En el punto 6 se multiplican 4 y 5 obteniéndose a partir de la relación trigonométrica de seno por seno, un par de bandas laterales con una de ellas invertidas que al sumarse en la salida del punto 7 una de ellas se cancela.

$$\phi_2(t) = \frac{EcEm}{2}Cos(\omega_c - \omega_m)t - \frac{EcEm}{2}Cos(\omega_c + \omega_m)t \qquad [1.16.6]$$

En el punto 7, se suman las salidas de 3 y 6 será:

$$\phi_{SSB} = EcEmCos(\omega_c - \omega_m)t \qquad\qquad [1.16.7]$$

Quedando eliminada en este caso la banda lateral superior y queda la inferior.

En el caso de requerir la otra banda simplemente se coloca un inversor a la salida del 7.

Debe tenerse en cuenta que este método es ventajoso en cuanto que no tiene complicación con filtros, sin embargo es crítico si los desfasajes no son exactos en 90° y las amplitudes no son iguales, puesto que quedaría banda lateral no deseada. En particular es crítico el desfasador de banda base por tener que actuar de la misma manera en todas las componentes de frecuencia.

En la figura 1.16.2, se muestran la banda base de forma cosenoidal (1) y la DSBSC (3) con portadora cosenoidal, luego la misma información desfasada 90° (4) y (6) y por último la resultante de la suma de ambas portadoras moduladas (3) y (6), donde aparece la banda lateral inferior (7).

Es de hacer notar que en el punto 3 la doble banda lateral con portadora suprimida no tiene cambios de fase por ser obtenida por señales cosenoidales, en cambio en el 6 una de las bandas laterales, la superior queda con fase invertida de tal manera que al sumar ambas en el punto 7 esta se cancela si tiene fase opuesta y amplitudes iguales.

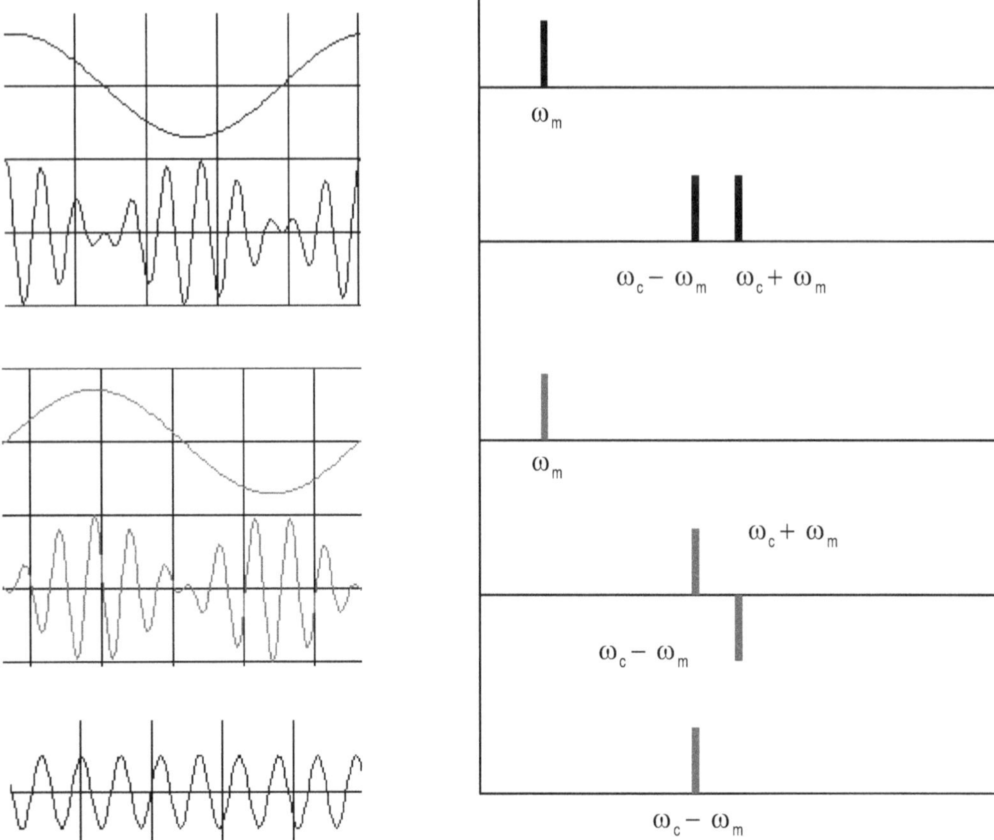

Figura 1.16.2

Debe tenerse en cuenta la importancia de que la fase se corra 90° y que las amplitudes sean iguales, puesto que de no ser así aparecen componentes de banda lateral no deseada. Es decir no se produce cancelación completa.

En este método es importante ver que no son necesarios filtros muy complejos, sin embargo el problema radica en lograr un desfasador (bloque 4 de la fig. 1.16.1) de banda ancha para la banda base y además es bastante difícil de ajustar. En la actualidad la BLU, se obtienen por filtrado.

Una alternativa de estudio sería obtener la banda lateral superior, ésta se obtiene colocando un inversor a la salida de 6.

Ejemplo 1.16.1

Sabiendo que la amplitud de la modulante y la portadora tienen respectivamente 10 V. Las frecuencias son de 5 KHz y 50 KHz y ambas tienen forma cosenoidal.

Determinar:

a)   La expresión de la modulante.

b)   La expresión de la portadora.

c)   La expresión de la banda lateral única por el método de la cancelación de fase. Obtener la banda lateral inferior y superior.

d)   Graficar en frecuencia ambos casos de la consigna c.

Respuesta :

a)

$$e_m(t) = 10.V.\cos.2.\pi.5.10^3 t = 10.V.Cos.\pi.10^4 t$$

b)

$$e_c(t) = 10.V.Cos.2.\pi.50.10^3 t = 10.V.Cos.\pi.10^5 t$$

c) Aplicando 1.16.7 queda para la banda lateral inferior.

$$\phi_{SSB} = EcEmCos(\omega_c - \omega_m)t = 100VCos.2.\pi.45.10^3 t$$

Si se coloca el inversor la banda lateral superior será

$$\phi_{SSB} = EcEmCos(\omega_c + \omega_m)t = 100VCos.2.\pi.55.10^3 t$$

d)

Resolver las actividades 1.14 y 1.15

1.17. Detección de SSB

Las señales en banda lateral única no tienen portadora y por lo tanto para ser demoduladas debe necesariamente reinyectarse la portadora, es decir detección sincrónica. En la fig. 1.17.1, se muestra el esquema en cajas de la detección sincrónica o por reinyección.

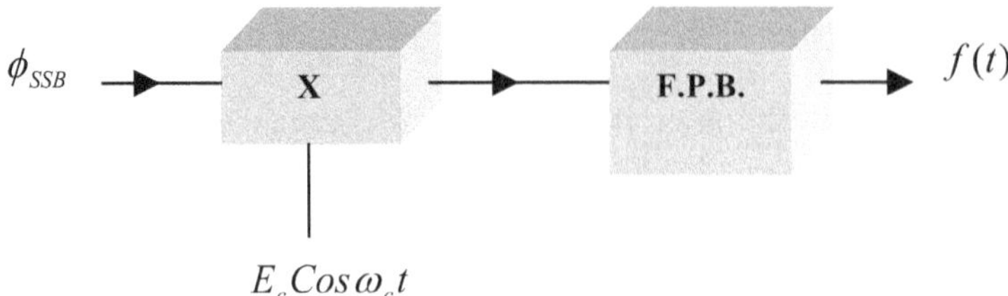

Figura 1.17.1

Partiendo de la expresión 1.16.7, que representa la expresión general de una señal en Banda lateral única, se la vuelve a multiplicar por la portadora, quedando la función de banda lateral única detectada sincrónicamente.

$$\phi_{SSBDS} = \big[EcEmCos(\omega_c - \omega_m)t\big]E_cCos\,\omega_c t \qquad [1.17.1]$$

Resolviendo, aplicando la identidad trigonométrica de coseno por coseno.

$$\phi_{SSBDS} = \frac{E_c^2.E_m}{2}Cos\,\omega_m t + \frac{E_c^2.E_m}{2}Cos(2\omega_c - \omega_m) \qquad [1.17.2]$$

banda base

banda lateral única (inferior) en segunda armónica de portadora

Se obtiene la banda base y una banda lateral única en segunda armónica de portadora, por eso es necesario el filtro pasabajos, quien entregará la banda base.

$$f(t) = \frac{E_c^2.E_m}{2}Cos\,\omega_m t \qquad [1.17.3]$$

Para este caso como se partió de una banda lateral inferior la banda lateral única en segunda armónica de portadora es la inferior. De haber partido de la banda lateral superior la banda lateral en segunda armónica será la superior.

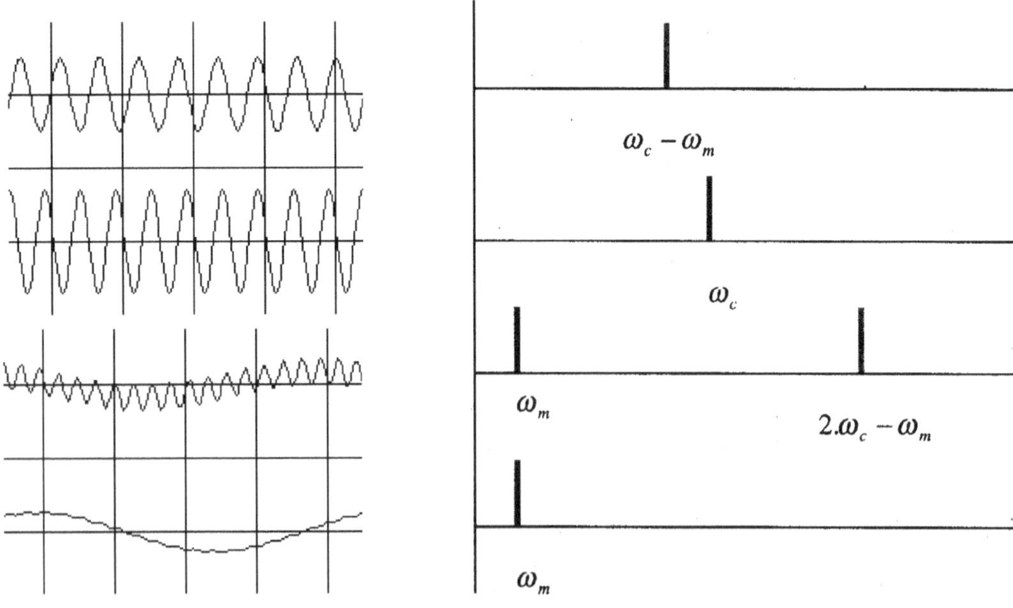

Figura 1.17.2

En la fig. 1.17.2, se representa el proceso en tiempo y frecuencia de la detección sincrónica de SSB.

Ejemplo 1.17.1

Dada la siguiente expresión de la banda lateral superior de un tono de 10 KHz

$$\phi_{SSB} = 1V.Cos.2.\pi.110.10^3\,t$$

Determinar:

a) La frecuencia de la portadora.

b) El desarrollo de la detección sincrónica, para el diagrama en bloques de la fig. 1.17.1

c) La gráfica en frecuencia de la señal detectada.

Respuestas:

a) La frecuencia correspondiente a la banda lateral superior es de 110 KHz y como se aclara que la banda base es un tono de 10 KHz, la frecuencia de la portadora será:

$$f_c = 110 - 10 = 100.KHz$$

b)

$$\phi_{SSBDS} = .[EcEmCos(\omega_c - \omega_m)t]E_c Cos\,\omega_c t = [.1V.Cos.2.\pi.110.10^3\,t]1V.Cos.2.\pi.100.10^3\,t =$$

$$= \frac{1}{2}Cos.2.\pi.10^4 t + \frac{1}{2}Cos.2.\pi.210.10^3 t$$

luego del filtrado pasará el tono de 10 KHz.

c) La gráfica en frecuencia del proceso será:

Resolver la actividad 1.16

1.18 Banda lateral vestigial o residual

Si se emplean técnicas de filtrado para la BLU, como ya se ha visto, la exigencia de los filtros para eliminar una de las bandas es muy abrupto. Esto es muy complejo en particular cuando las bandas están muy cerca. Entonces se busca en algunos casos, una situación de compromiso utilizando filtros que cortan gradualmente la banda.

La característica de corte gradual es tal que la supresión parcial de una banda lateral transmitida en la proximidad de la portadora, está compensada exactamente por la transmisión parcial de la banda lateral suprimida. En la fig. 1.18.1 se visualiza:

a) la banda base

b) doble banda lateral portadora suprimida

c) BLU

d) Banda lateral vestigial (BLV) como resultado de un corte de filtro gradual.

En la fig. 1.18.1.d, se observa que una parte de la señal esta en doble banda lateral lo que compensa la diferencia de amplitud de la parte que está en BLU.

El ancho de banda es casi igual al de BLU y se tiene la ventaja de que se elimina las complicaciones de su obtención. Puesto que se puede obtener a partir de la modulación de producto y con filtros de características de corte gradual.

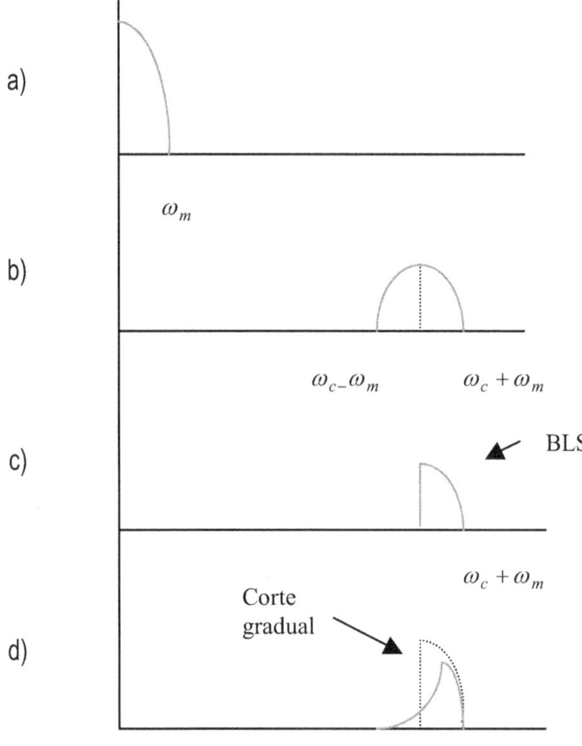

Figura 1.18.1

Si se transmite con portadora se la puede detectar por envuelta, lo que simplifica el sistema de recepción. Un caso típico es el de la TV, donde el video se lo transmite con este concepto BLV con portadora.

1.19 La recepción de señales

Analizada la modulación y demodulación en amplitud, con sus diferentes variantes, se discutirá de manera genérica la recepción de señales.

Tomando como referencia AM, pero se puede aplicar a cualquier técnica discutida o por discutir.

Si tenemos varias portadoras moduladas, para la demodulación se necesita un detector sintonizado para cada una, lo que significa complicar los receptores.

La idea consiste en que un solo receptor funcione para una banda determinada. Entonces ¿como se soluciona el hecho de tener varias portadoras moduladas?.

En principio luego de sintonizar la portadora deseada, lo que se hace es cambiar dicha frecuencia a otro valor único sin alterar la modulación. De tal manera que este proceso significa sintonizar cualquier portadora modulada dentro de la banda y cambiar su valor en otra frecuencia única de trabajo. Este proceso se lo denomina conversión y la nueva frecuencia recibe la denominación de frecuencia intermedia (FI). De una manera muy genérica se utiliza el término de receptor heterodino.

Heterodinizar significa trasladar o desplazar en frecuencia. La señal de FI, se la amplifica y se la puede detectar con un solo demodulador, con independencia de la sintonizada.

La FI, se obtiene mezclando la señal de entrada con una generada localmente por un oscilador que difiere de la sintonizada en una FI. A la salida se obtendrá una gama de valores armónicos de suma y resta y se sintonizará la que se desea. Esto implica que la señal del oscilador deberá variar en la medida de la sintonía manteniendo la relación de una FI por encima o por debajo.

Esta relación se expresa en la 1.19.1

$$f_{osc} = f_{s\,\text{int}\,onía} \pm 1.FI \qquad\qquad\qquad [1.19.1]$$

Obtenida la FI, se la amplifica y luego se realiza la detección y se obtiene la banda base.

La fig. 1.19.1, presenta un esquema en bloques simple de un receptor. Cuando en el receptor, el oscilador esta por encima de la sintonía se los denomina superheterodinos.

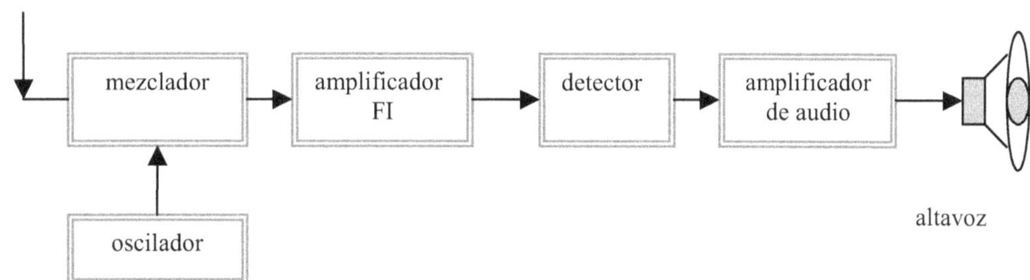

Figura 1.19.1

Si bien es cierto es una alternativa muy útil, la generación de la FI, aparece un problema muy particular y es el de la frecuencia imagen.

Supongamos que sintonizamos una portadora en 10 MHz modulada en AM y deseamos obtener una FI de 1 MHz. La frecuencia del oscilador local deberá estar en 11 o en 9 MHz. Supongamos la respuesta de sintonía tal como se ve en la fig. 1.19.2

Nótese que por la característica de la sintonía de manera muy atenuada las otras dos estaciones pueden ser tomadas. Si el oscilador estuviera en 8 MHz la portadora de 9 MHz, al mezclarse da la FI (9–8=1 MHz) y si el oscilador estuviere en 11 MHz se combina con la portadora de 12 MHz y se obtiene la FI (12-11=1 MHz).

Para ambos casos esta es una situación no deseada ya que se toma una portadora no sintonizada que ingresa como una de sintonía normal.

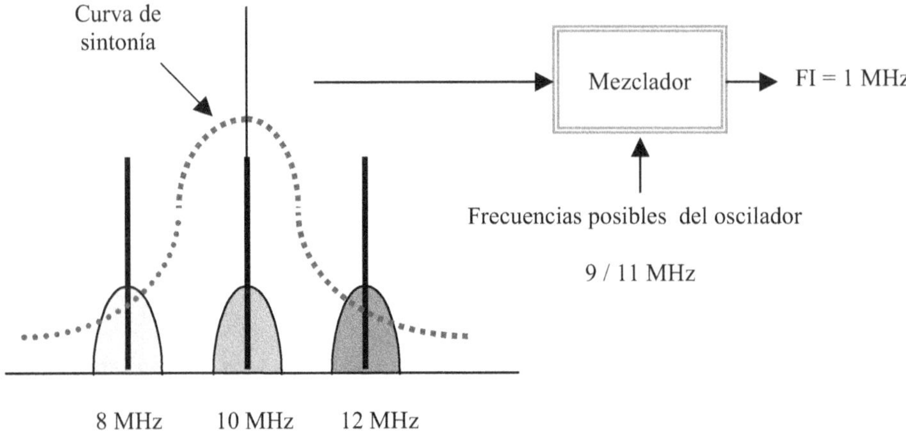

Figura 1.19.2

Esta frecuencia se la denomina frecuencia imagen y surge como resultante de la conversión, esta se calcula como:

$$f_{imagen} = f_{sint\,onia} \pm 2.FI \qquad\qquad [1.19.2]$$

La frecuencia imagen no puede ser eliminada pero se pueden minimizar sus efectos por ejemplo haciendo más selectivo el sintonizado de entrada para que solo pase la portadora deseada.

Por esto es que se utiliza un amplificador a la entrada del mezclador denominado amplificador de RF.

Pero debe tenerse en cuenta que cuando se desea obtener una FI, a partir de una portadora sintonizada muy elevada este amplificador no puede ser tan selectivo. Por ello es muy importante el criterio de elección de la FI. Esta deberá ser tan baja como sea posible y tan alta que se pueda rechazar la imagen. Esto ha llevado a tener receptores de doble y hasta de triple conversión. Obteniendo en primer instancia FI altas y luego por sucesivas conversiones la deseada.

El criterio es elegir la FI, de tal manera que la frecuencia imagen quede fuera de la banda de servicio del que se trata.

Ejemplo 1.19.1

En la radiodifusión de AM comercial, la banda se la denomina broadcasting y ocupa de 520 a 1680 KHz, modulada en amplitud con un ancho de banda base de 5 KHz, con una FI de 455 Khz.

Si se utiliza un receptor superheterodino, que toma la señal de LW1 Radio Universidad de Córdoba cuya portadora esta en 580 Khz.

Determinar:

    a) Frecuencia del oscilador local.
    b) Valor de la frecuencia imagen.
    c) Analice si este valor de frecuencia imagen afecta a nuestra recepción.

Respuesta:

a) $f_{oscilador} = f_{sin tonía} + 1.FI = 580 KHz + 455 KHz = 1035 KHz$

b) $f_{imagen} = f_{sin tonia} \pm 2.FI = 580 KHz + 910 KHz = 1490 KHz$

c) Solo analizamos el valor de 1490 KHz, ya que el otro no afecta. Este valor cae dentro de la banda sin embargo debe tenerse en cuanta que la señal modulada ocupa en el canal 10 KHz. El ancho de

banda del sintonizado esta muy próximo a los 10 KHz. De donde es muy poco probable, que pueda entrar este valor cuando se está sintonizando LW1.

Resolver las actividades 1.17 y 1.18

1.20 La elección de FI

La elección de la FI, se basa en que sea muy baja y que en la medida de lo posible la frecuencia imagen quede fuera de la banda de sintonía.

Se trata siempre de trabajar con una sola FI y cuando no se puede se realiza doble y hasta triple conversión.

Un criterio razonable de elección suele ser tomar la semidiferencia de la banda de sintonía, tal que:

$$FI_{min} = \frac{f_{max} - f_{min}}{2} \qquad [1.20.1]$$

En este caso si analizamos la frecuencia imagen, se debe trabajar sobre la máxima y la mínima de sintonía quedando la imagen en los extremos de banda.

Si sintonizamos el extremo superior es decir la frecuencia de sintonía máxima y recordando la expresión 1.19.2 la imagen queda

$$f_{imagen} = f_{s int onía} \pm 2.FI = f_{max} \pm 2.(\frac{f_{max} - f_{min}}{2}) \qquad [1.20.2]$$

Dando dos posibles valores de imagen

$$f_{imagen} = 2.f_{max} - f_{min} \qquad [1.20.3]$$

$$f_{imagen} = f_{min} \qquad [1.20.4]$$

Donde un valor queda fuera de la banda de sintonía y el otro en el extremo inferior de la banda.

De la misma manera si se sintoniza el extremo inferior de la banda, es decir la frecuencia de sintonía mínima, la imagen queda:

$$f_{imagen} = f_{s\,int\,on\acute{\imath}a} \pm 2.FI = f_{min} \pm 2.(\frac{f_{max} - f_{min}}{2}) \qquad [1.20.5]$$

Dando dos posibles valores de imagen

$$f_{imagen} = 2.f_{min} - f_{max} \qquad [1.20.6]$$

$$f_{imagen} = f_{max} \qquad [1.20.7]$$

Donde se ve que el único valor importante es el segundo y queda en el extremo superior de la banda de sintonía.

Cualquier otro valor que se sintonizara dentro de la banda

Para lograr que la imagen quede fuera de la banda de sintonía habrá que agregar algún valor a la FI, entonces la 2.16.1 se transforma en:

$$FI = \frac{f_{max} - f_{min}}{2} + K \qquad [1.20.8]$$

Donde K, se determinará como un valor mínimo, para sacar la imagen fuera de la banda de sintonía y se especifica según el servicio.

Ejemplo 1.20.1

En una banda de 2,8 a 3 GHz, un radar superheterodino, esta trabajando en una frecuencia de 2,9 GHz, con el oscilador en 2,95Ghz. Otro receptor que opera en la frecuencia imagen del primero, produce interferencia.

Determinar:

    a) La FI del primer receptor.
    b) La frecuencia de portadora del segundo receptor.
    c) El valor de la FI mínima, para no tener problemas de imagen en esta banda.

Respuesta:

    a) $FI = f_{osc} - f_{sin\,tonia} = 2,95 - 2,9 = 0,05\ GHz$

    b) $f_{imagen} = f_{sin\,tonia} - 2.FI = 2,9 - 2 \times 0,05 = 2,8 GHz$

    c) $FI_{min} = \frac{f_{sin\,t.max.} - f_{sin\,t.min.}}{2} = \frac{3 - 2,8}{2} = 0,01 GHz$

Este será el valor mínimo de FI, con el cual la imagen quedará en los extremos de sintonía. Para sacarla fuera de la banda habrá que elegir un valor mayor.

Resolver la actividad 1.19

Ejemplo 1.20.2

Un receptor superheterodino, sintoniza una señal modulada de 100 MHz, la FI es de 10 MHz. Una estación en 210 MHz con la misma modulación produce interferencia.

Determinar ¿porque razón ocurre esto?

Respuesta:

La frecuencia del oscilador local será:

$$f_{osc} = f_{\sin} + FI = 100 + 10 = 110 MHz$$

La segunda armónica del oscilador local es de 220 MHz y si esta no se filtra bien por un lado y por otro si el sintonizado de entrada no es suficientemente selectivo puede ocurrir que otras frecuencias tales como 210 y 230 MHz ingresen al mezclador y den la FI.

$$f_{sin} = f_{osc} \pm FI = 220 \pm 10 = 230 \text{ o } 210 \ \ MHz$$

Por ello es muy importante un receptor con una buena etapa de RF y adecuado filtrado en el oscilador.

1.21 Control de ganancia

En el diagrama propuesto del receptor de la fig. 1.18.1, falta realizar una consideración muy importante y es el hecho de que cuando un receptor cambia de lugar debe mantener su salida constante.

Por ello se realiza un control automático de ganancia (AGC), que mantiene constante la salida, a tal efecto se toma una tensión promedio de la señal en el detector y se la utiliza como realimentación en la cadena de FI y en el amplificador de RF, cuando este existe.

Esta tensión de AGC (control automático de ganancia), mantiene la salida de la señal demodulada constante frente a cambios de la señal de entrada. Por ejemplo el desplazamiento de un móvil de un punto a otro donde la atcnuación de la onda varía.

Al efecto esta tensión mantiene constante la salida, variando la ganancia de la cadena de FI y del amplificador de RF, en el caso de tenerlo. En la fig. 1.21.1, se presenta un diagrama en bloques generalizado y completo, de un receptor con etapa de RF y AGC

Todos los receptores disponen de AGC y hay una gran variedad de sistemas, donde el más sencillo consiste en una tensión obtenida por un filtro de gran constante de tiempo a la salida del detector.

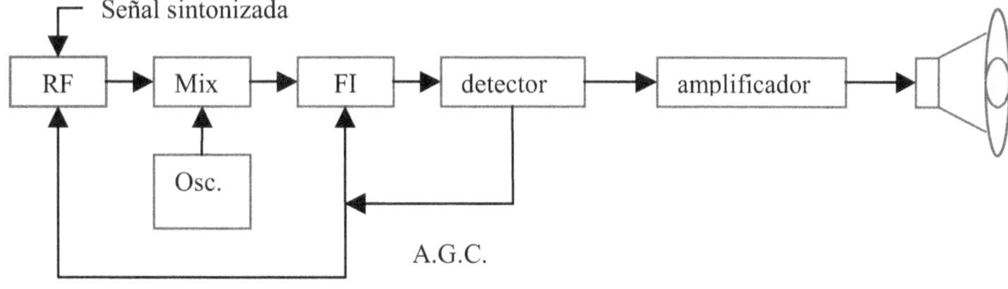

Figura 1.21.1

Todos los receptores disponen de AGC y hay una gran variedad de sistemas, donde el más sencillo consiste en una tensión obtenida por un filtro de gran constante de tiempo a la salida del detector.

En la fig. 1.21.2, se ve un detector de envuelta, donde la salida de AGC, se logra por R_{AGC} y C_{AGC}, esta señal será positiva o negativa según el tipo de tensión que se necesite para el control de la amplificación. La polaridad la fija el diodo. Para este caso la tensión es positiva.

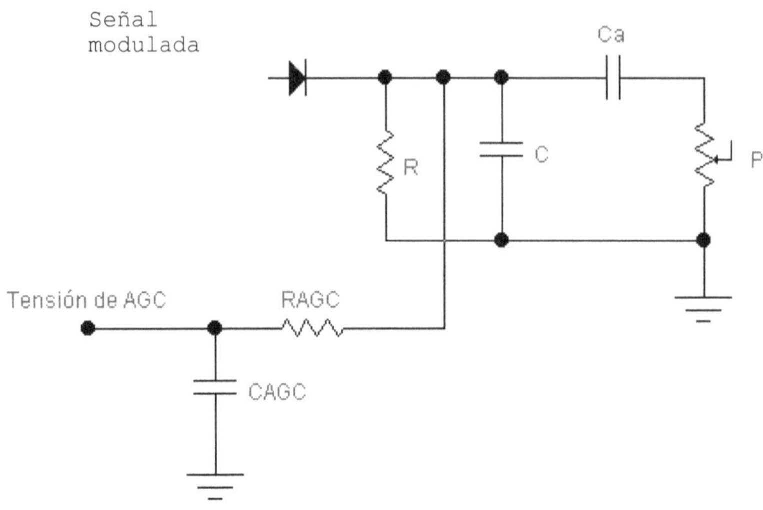

Figura 1.21.2

La constante de tiempo del filtro que forman R_{AGC} y C_{AGC} es grande con respecto al período de la banda base lo que determina una tensión continua promedio de la señal que se detecta. En la fig. 1.21.3, se visualiza la señal detectada y la de AGC

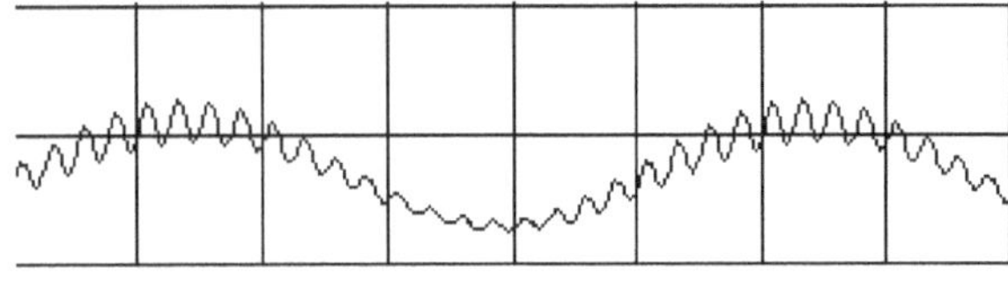

Señal detectada que pasa
a través del capacitor de acople
Ca al amplificador de audio.
La constante de tiempo es R y C

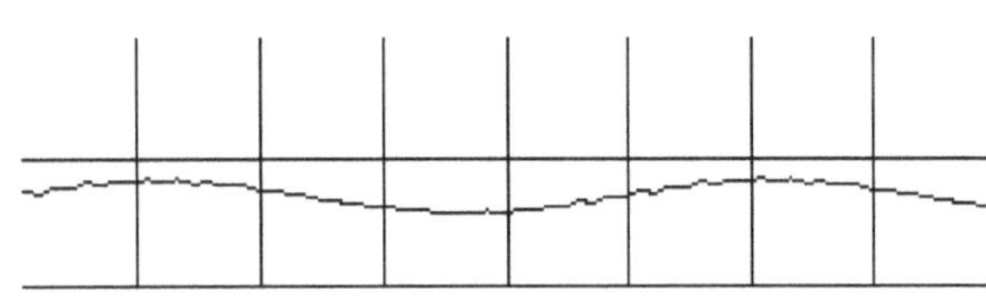

Tensión de AGC, que se aplica
al amplificador de FI y a la
etapa de RF. La constante de
tiempo es muy grande y se obtiene
de R_{AGC} y C_{AGC}

Figura 1.21.3

Como Ud. ya completo la unidad, en contenidos y actividades, sería conveniente que resuelva el autotest de la unidad 1.

1.1   Escribir las funciones de la tabla que se adjunta

	función	amplitud	forma	Frecuencia en Hz
a	tensión	10 V	cosenoidal	100000
b	tensión	300 V	senoidal	25000
c	Corriente	10 A	cosenoidal	1200
d	Corriente	30 A	senoidal	450

1.2   Utilizando el graficador, desarrolle la resultante de sumar tres componentes cosenoidales de amplitud 4, 2 y 1 cuya frecuencia es 1, 2 y 3 respectivamente. Puede expresarlas de la siguiente manera:

$$4*\cos(x)+2*\cos(2*x)+\cos(3*x)$$

1.3   En el graficador represente la señal de AM. Utilice la siguiente expresión

$$(10+10*\cos(x))*\cos(10*x)$$

Analice lo obtenido.

1.4   Dada una señal cosenoidal de 10 V de amplitud y frecuencia 10 KHz, que modula en amplitud, a una portadora cosenoidal de 20 V de amplitud y frecuencia 100 Khz.

Determinar:

   a) La expresión de la señal modulante.

   b) La expresión de la portadora.

   c) La función de AM, resultante.

   d) Bosqueje una representación amplitud vs. frecuencia de la señal modulada.

1.5   Determine el índice de modulación para la consigna anterior.

1.6   Dada la siguiente señal modulada

Determinar:

   a) El porcentaje de modulación de la siguiente onda modulada.

b) La amplitud de la modulante.

c) La amplitud de la portadora.

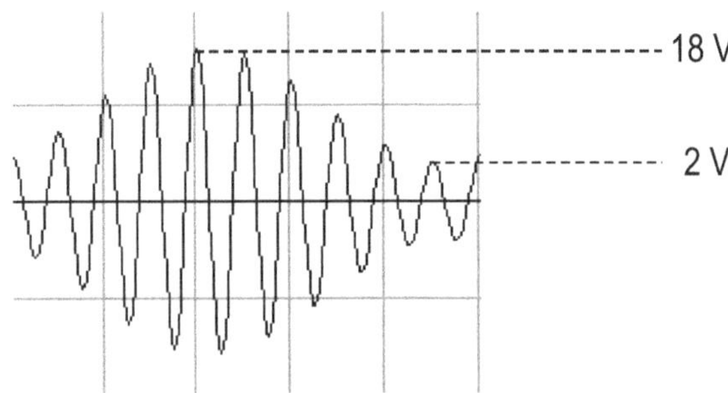

1.7 Una onda modulante con forma cosenoidal de 100 v de amplitud y frecuencia de 5 KHz, modula en amplitud a una portadora de 100 KHz de frecuencia y amplitud de 200 V. Sabiendo que el sistema carga sobre una impedancia de 50 Ohms.

Determinar:

a) Expresión de la modulante.

b) Expresión de la portadora.

c) Indice de modulación.

d) Expresión de la señal modulada.

e) Valor máximo y mínimo que toma la portadora modulada.

f) Gráfica temporal de la onda modulada, indicando los valores máximos y mínimos.

g) Espectro de líneas de la señal modulada indicando las amplitudes y frecuencias de las componentes.

h) Potencia de portadora.

i) Potencia de las dos bandas laterales.

j) Potencia total.

k) Rendimiento de modulación por dos caminos.

l) Gráfico espectral de la señal modulada marcando la frecuencia y las potencias de cada componente.

1.8 Transforme la expresión 1.3, para obtener una onda modulada con índice de modulación 0,5 y 0,8 respectivamente.

1.9 Encuentre el ancho de banda de la señal modulada para las consignas:

a) 1.4

b) 1.7

1.10 Si se realiza la detección sincrónica de la señal de la consigna 1.7.

Determinar:

a) El período de la modulante.

b) El período de la portadora.

c) La constante de tiempo del filtro para recuperar la banda base (considere RC 10 veces mayor que el período de portadora)

d) El valor de la capacidad en micro Faradios si toma una R de 1000 Ohms

1.11 Dadas las señales de la consigna 1.7, modularlas por producto

Determinar:

a) La expresión de la onda DSBSC.

b) Una gráfica en frecuencia de la señal modulada.

1.12 En el graficador representar la DSBSC y analizar los cambios de fase. Utilizar la expresión cos(x)*cos(10*x)

1.13 Una señal modulante cosenoidal de 2 V de amplitud y 12 KHz de frecuencia modula por producto a una portadora de 2 V, cosenoidal y de 80 KHz de frecuencia. Esta señal es demodulada sincrónicamente

Determinar:

a) La expresión de la señal modulada.

b) La expresión de la detección sincrónica.

c) Una representación espectral de la señal detectada.

1.14 Sabiendo que la amplitud de la modulante y la portadora tienen respectivamente 1 V. Las frecuencias son de 6 KHz y 60 kHz y ambas tienen forma cosenoidal.

Determinar:

a) La expresión de la modulante.

b) La expresión de la portadora.

c) La expresión de la banda lateral única por el método de la cancelación de fase. Obtener la banda lateral inferior y superior.

d) Graficar en frecuencia ambos casos de la consigna c.

1.15 Utilizando el método de la cancelación de fase, obtenga la banda lateral superior y la inferior en el graficador.

Para la inferior utilice la siguiente expresión

Cos(x)*cos(10*x)+sin(x)*sin(10x)

Para la superior utilice la siguiente expresión

Cos(x)*cos(10*x)+sin(x)*sin(10x)

1.16 Para las dos expresiones anteriores realice la detección sincrónica en el graficador.

(Cos(x)*cos(10*x)+sin(x)*sin(10x))*Cos(10*x)

$$(Cos(x)*cos(10*x)-sin(x)*sin(10x))*Cos(10*x)$$

1.17 A que se denomina receptor superheterodino.

1.18 Dada la frecuencia de transmisión de LRA7 Radio nacional Córdoba que esta en 750 Khz. Determinar:

    a) Frecuencia del oscilador local.

    b) Valor de la frecuencia imagen.

    c) Analice si este valor de frecuencia imagen afecta a nuestra recepción.

1.19 Supongamos una banda de trabajo entre 20 y 30 MHz, el receptor es superheterodino. Determinar:

    a) La FI mínima, que debería elegir.

    b) Los valores de la frecuencia imagen para el principio y el final de la banda para el valor de FI mínimo calculado.

Lea detenidamente y resuelva las consignas, no deje nada sin contestar. De ser necesario consulte los contenidos de la unidad 1.

1. La banda base es:

   a) La información a transmitir.

   b) La señal que lleva la información.

   c) Ninguna es correcta.

2. La portadora, es la onda que:

   a) La información a transmitir.

   b) La señal que lleva la información.

   c) Ninguna es correcta.

3. El índice de modulación en AM se define como el cociente entre:

   a) Amplitud de la portadora y la modulante.

   b) Amplitud de la modulante y la portadora.

   c) Frecuencia de portadora y la modulante.

4. La AM, puede ser detectada:

   a) Por envuelta.

   b) Sincrónica.

   c) Ambas.

5. El ancho de banda de la señal modulada en AM es:

   a) Igual al ancho de la banda base.

   b) La mitad del ancho de la banda base.

   c) El doble del ancho de banda base.

6. El ancho de anda de la señal modulada en BLU es:

   a) Igual al ancho de la banda base.

   b) La mitad del ancho de la banda base.

   c) El doble del ancho de banda base.

7. La potencia total que se transmite en AM, es la suma de las potencias de:

    a) La portadora y una banda lateral.

    b) Las dos bandas laterales.

    c) La portadora y las dos bandas laterales.

8. La SSB, puede ser detectada:

    a) Por envuelta.

    b) Sincrónica.

    c) Ambas.

9. La frecuencia imagen, esta ubicada:

    a) A $\pm 1FI$, de la sintonía.

    b) A $\pm 2FI$, de la sintonía.

    c) A $\pm 3FI$, de la sintonía.

10. Dada la siguiente señal modulada

    Determinar:

    a) El porcentaje de modulación de la siguiente onda modulada.

    b) La amplitud de la modulante.

    c) La amplitud de la portadora.

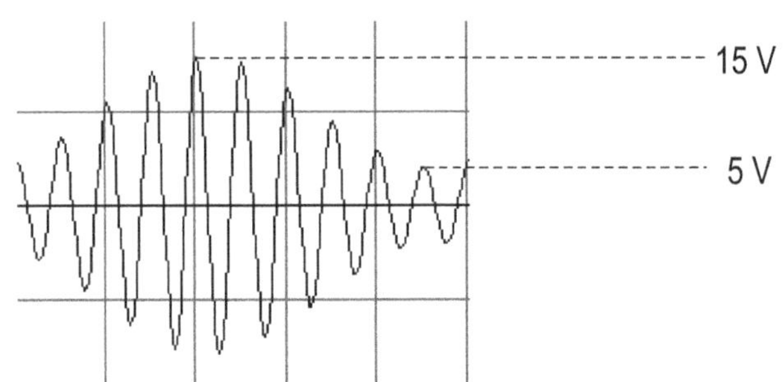

11. Una onda modulante con forma cosenoidal de 200 v de amplitud y frecuencia de 5 KHz, modula en amplitud a una portadora de 100 KHz de frecuencia y amplitud de 200 V. Sabiendo que el sistema carga sobre una impedancia de 50 Ohms.

    Determinar:

    a) Expresión de la modulante.

    b) Expresión de la portadora.

    c) Indice de modulación.

    d) Expresión de la señal modulada.

    e) Valor máximo y mínimo que toma la portadora modulada.

f) Gráfica temporal de la onda modulada, indicando los valores máximos y mínimos.

g) Espectro de líneas de la señal modulada indicando las amplitudes y frecuencias de las componentes.

h) Potencia de portadora.

i) Potencia de las dos bandas laterales.

j) Potencia total.

k) Rendimiento de modulación por dos caminos.

l) Gráfico espectral de la señal modulada marcando la frecuencia y las potencias de cada componente.

12. Una señal modulante cosenoidal de 1 V de amplitud y 12 KHz de frecuencia modula por producto a una portadora de 1 V, cosenoidal y de 80 KHz de frecuencia. Esta señal es demodulada sincrónicamente

Determinar:

a) La expresión de la señal modulada.

b) La expresión de la detección sincrónica.

c) Una representación espectral de la señal detectada.

13. ¿Cuál es el criterio para elegir la FI en un receptor?

14. ¿Por qué es necesario el AGC, en un receptor?.

15. Supongamos una banda de trabajo entre 30 y 40 MHz, el receptor es superheterodino.

Determinar:

a) La FI mínima, que debería elegir.

b) Los valores de la frecuencia imagen para el principio y el final de la banda para el valor de FI mínimo calculado.

2

Modulación Analógica por Frecuencia

Objetivos

- Comprender los conceptos básicos de las técnicas de modulación y demodulación analógicas en frecuencia.

- Interpretar la estructura espectral de la señal de FM sea mono o estéreo.

- Conocer los conceptos de la redes de compensación en la FM.

- Resolver cálculos simples de potencia y ancho de banda para esta técnica.

- Comprender los conceptos generales de recepción aplicables a todas las técnicas de modulación.

Contenidos

2.1   Modulación en frecuencia.

2.2   FM.

2.3   Cálculo del ancho de banda.

2.4   Análisis de la potencia de una señal en FM.

2.5   Detección de FM.

2.6   Discriminación con PLL.

2.7   El diagrama de recepción y el limitador.

2.8   Necesidad de redes de compensación.

2.9   Características de la radiodifusión comercial.

2.10 La FM estéreo.

Actividades Unidad 2.

Autotest Unidad 2.

2.1 Modulación en frecuencia

A efectos de simplificar la interpretación de la técnica analizaremos de manera genérica el concepto de FM, con la ayuda de un circuito simple y luego profundizaremos su estudio.

En esta técnica mediante la amplitud de la banda base se varía la frecuencia de la portadora. Esto se puede lograr aplicando señal modulante a un varactor.

El varactor también llamado varicap es un diodo, este diodo es desarrollado para tener la una variación de capacidad lo mas lineal posible respecto de la tensión aplicada.

En la fig. 2.1.1 se presenta un circuito típico.

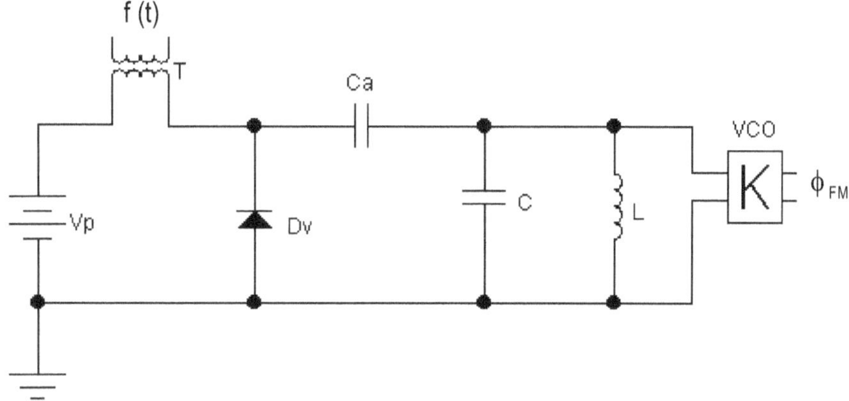

Figura 2.1.1

La frecuencia de oscilación esta controlada por L en paralelo con la capacidad equivalente entre C en paralelo Ca que está en serie con la capacidad del varactor.

En la fig. 2.1.2 se muestra la tensión de polarización Vp, la señal de entrada periódica y ambas sumadas para atacar el varactor

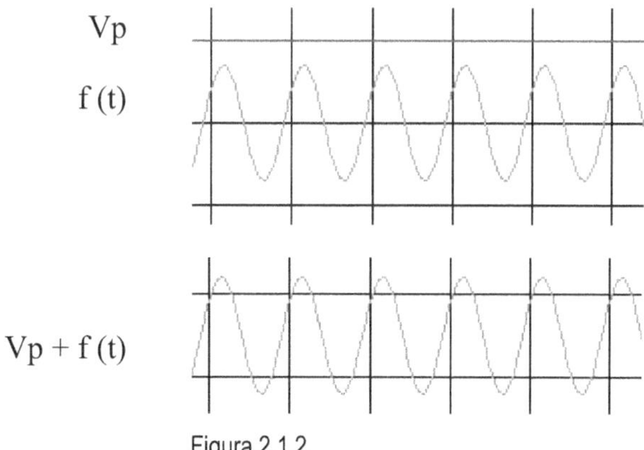

Figura 2.1.2

La tensión de polarización V_p fija la capacidad del varactor y luego la f(t) se suma o se resta a V_p variando la capacidad equivalente, lo que varía la frecuencia de salida. En la fig. 2.1.3 se ve la curva de típica de capacidad vs. tensión, de un varactor.

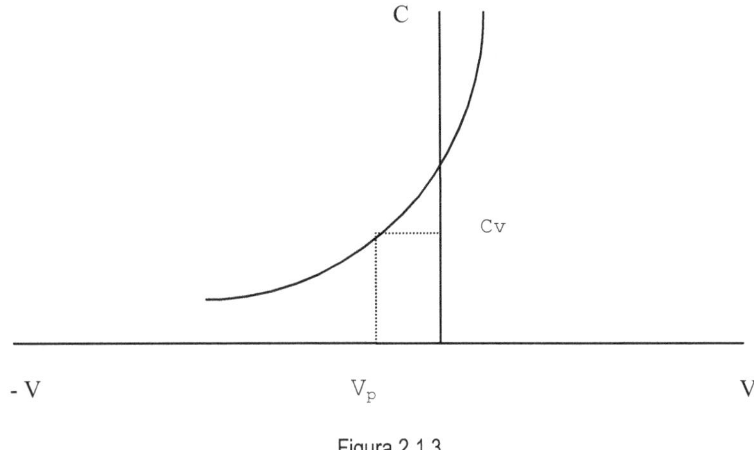

Figura 2.1.3

La capacidad resultante, fijada la tensión de polarización V_p es Cv y cuando esta tensión de polarización varía, la capacidad sigue la forma expresada a continuación en 2.1.1

$$C = \frac{C_v}{\sqrt{1 + 2V}}$$

[2.1.1]

La desviación de frecuencia es función de la amplitud de la señal modulante. Si la desviación máxima y mínima de la frecuencia de portadora se la mantiene constante, la modulación en frecuencia queda entonces en la cantidad de veces que se desvía la portadora.

De tal manera que la desviación será función de la amplitud de la modulante y la cantidad de veces que se desvía es función de la frecuencia de la modulante. La fig. 2.1.4 muestra una señal modulada en frecuencia.

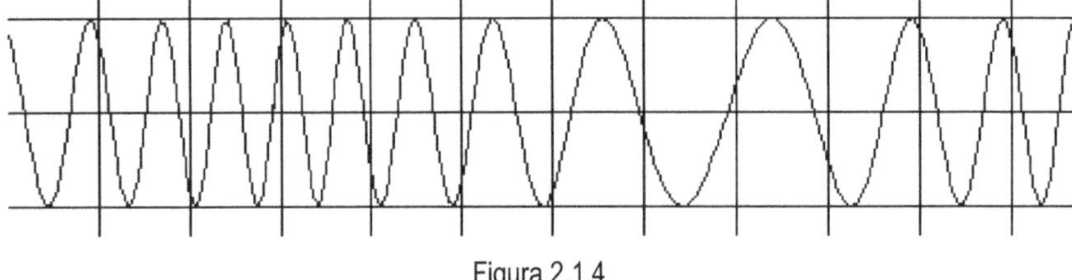

Figura 2.1.4

De donde la modulación en frecuencia está en la cantidad de veces que se desvía la portadora. De donde se puede expresar que una señal modulada en frecuencia es una portadora que varía su fase de manera permanente y se la analiza de manera instantánea.

2.2 FM

Analizaremos esta modulación, ahora con un enfoque periódico, es decir la señal modulante será un tono senoidal.

$$e_m(t) = E_m Sen\omega_m t$$

[2.2.1]

tomando como portadora

$$e_c(t) = E_c Sen\omega_c t \qquad\qquad [2.2.2]$$

Se puede armar la expresión de la señal modulada como resultante de una portadora cuya fase varía de manera instantánea.

$$\phi_{FM} = E_c Sen\theta_i \qquad\qquad [2.2.3]$$

Donde la derivada de la fase instantánea es la frecuencia angular instantánea.

$$\frac{d\theta_i}{dt} = \omega_i = \omega_c + \Delta\omega_c Sen\omega_m t \qquad\qquad [2.2.4]$$

Para obtener la fase instantánea se integra la 2.2.4 y definiendo $m_f = \dfrac{\Delta\omega_c}{\omega_m}$ nos queda.

$$\vartheta_i = \int \omega_i dt = \int \omega_c dt + \int \Delta\omega_c Sen\omega_m t.dt = \omega_c t - m_f Cos\omega_m t \qquad\qquad [2.2.5]$$

reemplazando 2.2.5 en 2.2.3

$$\phi_{FM} = E_c Sen(\omega_c t - m_f Cos\omega_m t) = E_c \left[Sen\omega_c t.Cos(m_f Cos\omega_m t) - Cos\omega_c t.Sen(m_f Cos\omega_m t) \right] \qquad [2.2.6]$$

Las expresiones que aparecen se pueden analizar como series trigonométricas de coeficientes variables lo que implica que deben ser desarrolladas por Bessel. A continuación se presenta el desarrollo de esas series para este caso.

$$Cos(m_f Cos\omega_m t) = J_0(m_f) - 2J_2(m_f)Cos2\omega_m t + 2J_4(m_f)Cos4\omega_m t........ \quad [2.2.7]$$

$$Sen(m_f Cos\omega_m t) = 2J_1(m_f)Cos\omega_m t - 2J_3(m_f)Cos3\omega_m t........... \qquad [2.2.8]$$

Se que la 2.2.7, genera desarrollo de cosenos con coeficientes armónicos pares de la banda base, mientras que la 2.2.8, lo hace con desarrollo en coseno de coeficientes armónicos de la banda base impares.

Reemplazando 2.2.7 y 2.2.8 en la 2.2.6 y desarrollando las expresiones trigonométricas, nos queda.

$$\phi_{FM} = E_c \Big[\ J_0(m_f)Sen\omega_c t - J_1(m_f)Cos\big(\omega_c \pm \omega_m\big)t - J_2(m_f)Sen(\omega_c \pm 2\omega_m t +$$
$$+ j_3(m_f)Cos(\omega_c \pm 3\omega_m t) + j_4(m_f)Sen(\omega_C \pm 4\omega_m)t....... \ \Big] \qquad [2.2.9]$$

La señal modulada en FM, está formada por bandas laterales armónicas de la banda base cuyas amplitudes son variables según los coeficientes de Bessel. Estos coeficientes dependen del índice de modulación (m_f).

Bessel calculó los coeficientes de estas series par todos los posibles índices de modulación y se los presenta de manera gráfica o en forma de tablas.

La fig. 2.2.1 muestra los valores de los coeficientes, de manera gráfica, en función del índice de modulación, donde en el eje vertical se obtiene la amplitud de los coeficientes y en el eje horizontal el índice.

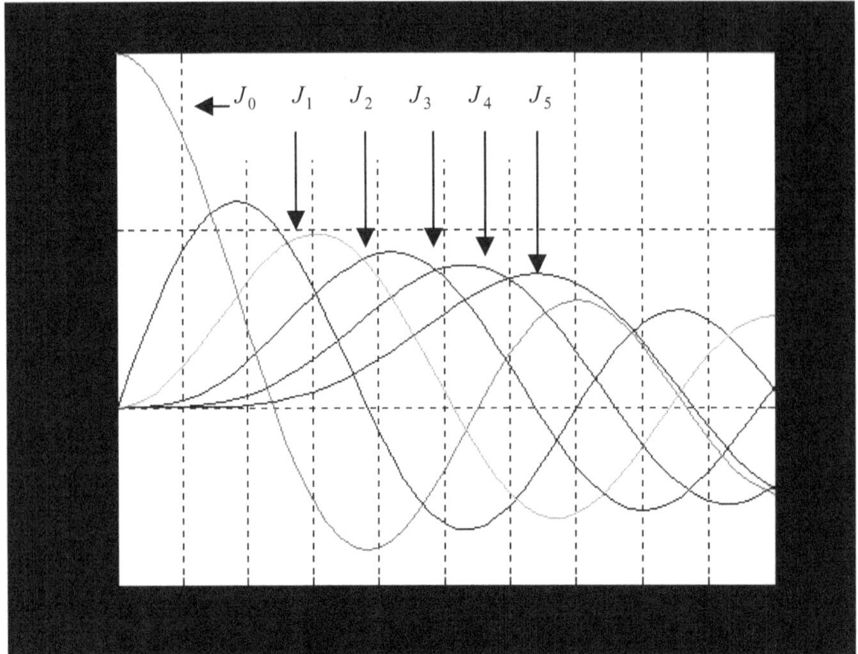

Figura 2.2.1

Analizando la fig. 2.2.1, se ve que cuando el índice es pequeño hay pocas bandas laterales y viceversa.

Si se mantiene constante la máxima amplitud de la señal modulante, la desviación de frecuencia será constante, pero como la frecuencia de la señal modulante es variable, esto implica que el índice es variable.

Además de tener amplitudes variables según el índice, estas bandas laterales mantienen una relación cuadratura entre sí.

En la fig. 2.2.2, se representan los coeficientes en forma de tabla.

m	J_0	J_1	J_2	J_3	J_4	J_5	J_6	J_7	J_8	J_9	J_{10}
0	1,00	–	–	–	–	–	–	–	–	–	–
0,25	0,98	0,12	–	–	–	–	–	–	–	–	–
0,5	0,94	0,24	0,03	–	–	–	–	–	–	–	–
1	0,77	0,44	0,11	0,02	–	–	–	–	–	–	–
1,5	0,51	0,56	0,23	0,06	0,01	–	–	–	–	–	–
2	0,22	0,58	0,35	0,13	0,03	–	–	–	–	–	–
2,4	0	0,52	0,43	0,2	0,06	0,02	–	–	–	–	–
2,5	-0,05	0,5	0,45	0,22	0,07	0,02	0,01	–	–	–	–
3	-0,26	0,34	0,49	0,31	0,13	0,04	0,01	–	–	–	–
4	-0,4	-0,07	0,36	0,43	0,28	0,13	0,05	0,02	–	–	–
5	-0,18	-0,33	0,05	0,36	0,39	0,26	0,13	0,05	0,02	–	–
6	0,15	-0,28	-0,24	0,11	0,36	0,36	0,25	0,13	0,06	0,02	–
7	0,3	0	-0,3	-0,17	0,16	0,35	0,34	0,23	0,13	0,06	0,02

Figura 2.2.2

Podemos expresar que la señal modulada en frecuencia, esta constituida por bandas laterales armónicas. Además estas bandas cambian de lugar en función de la frecuencia modulante. También las amplitudes son variables y dependen del índice de modulación. Como se mantiene constante la desviación de frecuencia el índice varía según la frecuencia de la modulante.

Como estas amplitudes varían en algunos casos puede que la portadora se anule totalmente, tal como el caso del índice 2,4 (hay otros valores tales como 5,5 ver la fig. 2.2.1)

Resuelva la actividad 2.1

Ejemplo 2.2.1

Una señal modulante $e_m = E_m Sen 2\pi.10^3 t$, modula una portadora senoidal de amplitud 10 V y 100 KHz de frecuencia, con un índice 1.

Determinar:

    a) La desviación de frecuencia.

    b) La expresión de la onda modulada.

    c) La gráfica en frecuencia de la señal modulada.

Respuesta

    a) $\Delta f_c = m_f . f_m = 1 \times 1 Khz = 1 KHz$

    b) $\phi_{FM} = E_c Sen(\omega_c t - m_f Cos\omega_m t) = 10 Sen(2.\pi.10^5 t - Cos 2.\pi.10^3 t$

Desarrollando la expresión y utilizando la tabla de la fig. 3.3.2 se ve que son cuatro los coeficientes

$$\phi_{FM} = E_c \left[J_0(m_f) Sen\omega_c t - J_1(m_f) Cos(\omega_c \pm \omega_m)t - J_2(m_f) Sen(\omega_c \pm 2\omega_m t + + j_{3f}) + J_3(m_f) Cos(\omega_c \pm 3\omega_m t) \right]$$

Los valores de los coeficientes se los lee en la tabla de la fig. 2.2.2 y valen:

    $\mathbf{J_0}$= 0,77 $\mathbf{J_1}$= 0,44 $\mathbf{J_2}$= 0,11 $\mathbf{J_3}$= 0,02

Reemplazándolos en la expresión queda:

$$\phi_{FM} = 7,7 V Sen 2.\pi.10^5 t - 4,4 V Cos 2.\pi(10^5 \pm 10^3)t - 1,1 V Cos 2.\pi.(10^5 \pm 2.10^3)t + 0,2 V Cos 2.\pi(10^5 \pm 3.10^3)t$$

    c) La representación en frecuencia de la onda modulada, será un espectro de líneas separadas una distancia de 1 Khz.

    Esta señal esta formada por una portadora y seis bandas laterales, es decir tres para cada lado de la portadora. Se ve que la distancia entre ellas es de 1 KHz, que es la frecuencia de la modulante. La distancia respecto de la portadora crece por múltiplos enteros de la fundamental es decir, 1 KHz, 2 KHz y 3 Khz.

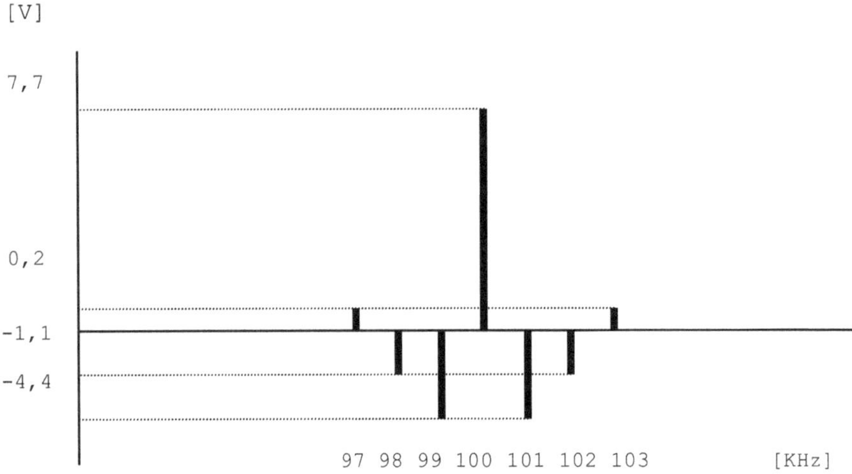

Ejemplo 2.2.2

Una señal modulante senoidal de 10 Voltios de amplitud y frecuencia 10 KHz, modula en frecuencia a una portadora senoidal de frecuencia 100 KHz y 20 Voltios. El modulador tiene un coeficiente de diseño (k_m) de 2 KHz / Voltio. Esto implica que por cada voltio de modulante aplicada desvía la portadora en 2 Khz.

Determinar:

a) La expresión de la modulante.

b) La expresión de la portadora.

c) La desviación de frecuencia.

d) El índice de modulación en frecuencia.

e) El valor de los coeficientes de Bessel, sacados de la tabla.

f) La expresión de la señal modulada, reemplazando todos los valores.

g) Gráfica en frecuencia de la señal modulada.

Respuestas

a) $e_m(t) = 10.V.Sen.2.\pi.10^4 t$

b) $e_c(t) = 20.V.Sen 2.\pi.10^5 t$

c) $\Delta f_c = k_m.E_m = 2\dfrac{Khz}{V}.10.V = 20 KHz$

d) $m_f = \dfrac{\Delta f_c}{f_m} = \dfrac{20 Khz}{10 Khz} = 2$

e) Por la tabla de la fig. 2.2.2, para un índice de modulación 2, se ve que son cinco los coeficientes cuyos valores son:

$$J_0(2) = 0,22$$
$$J_1(2) = 0,58$$
$$J_2(2) = 0,35$$
$$J_3(2) = 0,13$$
$$J_4(2) = 0,03$$

f) Para la expresión de la señal modulada en FM, se aplica la 2.2.9

$$\phi_{FM} = E_c \left[\; J_0(m_f) Sen\omega_c t - J_1(m_f) Cos\left(\omega_c \pm \omega_m\right)t - J_2(m_f) Sen(\omega_c \pm 2\omega_m t + \right.$$
$$\left. + j_3(m_f) Cos(\omega_c \pm 3\omega_m t) + j_4(m_f) Sen(\omega_C \pm 4\omega_m)t \; \right]$$

Reemplazando

$$\phi_{FM} = 20.V \left[0,22.Sen.2.\pi.10^5 t - 0,58.Cos.2.\pi(10^5 \pm 10^4).t - 0,35.Sen.2.\pi(10^5 \pm 2.10^4).t + \right.$$
$$\left. + 0,13.Cos.2.\pi.(10^5 \pm 3.10^4).t + 0,03.Sen.2.\pi(10^5 \pm 4.10^5).t \; \right]$$

Para una mejor interpretación vamos a representar la amplitud y frecuencia de cada componente

	Amplitud (voltio)	Frecuencia (KHz)
Portadora	**4,4**	100
Banda lat. sup. 1° armónica	**-11,6**	110
Banda lat. inf. 1° armónica	**-11,6**	90
Banda lat. sup. 2° armónica	**-7**	120
Banda lat. inf. 2° armónica	**-7**	80
Banda lat. sup. 3° armónica	**2,6**	130
Banda lat. inf. 3° armónica	**2,6**	70
Banda lat. sup. 4° armónica	**0,6**	140
Banda lat. inf. 4° armónica	**0,6**	60

g) La gráfica en frecuencia se muestra a continuación

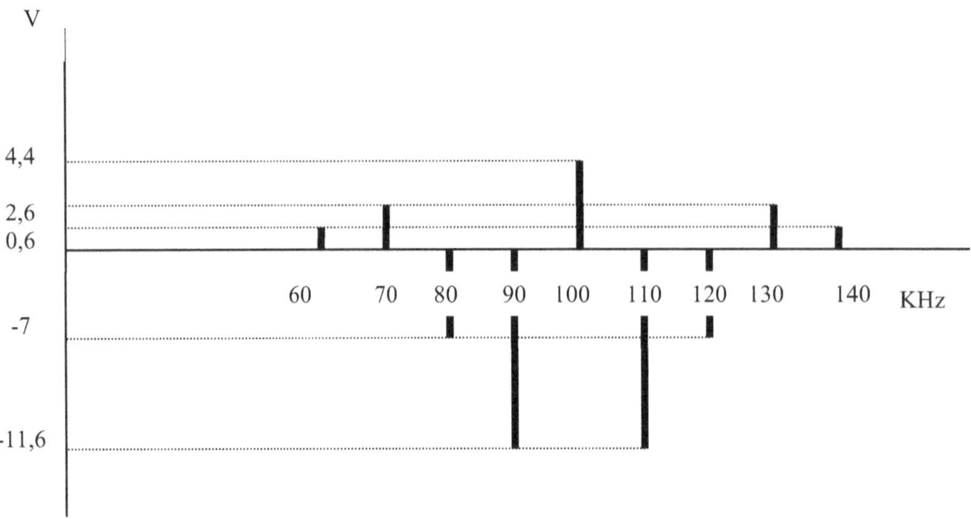

Resolver la actividad 2.2

2.3 Cálculo del ancho de banda

En 1922, Carson en un estudio matemático demostró que una señal de FM, no puede acomodarse en un ancho menor que una de AM.

Vista la característica de la señal modulada en frecuencia, es muy razonable pensar que hacen falta todas las bandas laterales para recuperar la banda base.

En el ejemplo 2.2.1, se ve que se necesitan seis bandas laterales para un índice de modulación 1. Si tomamos un índice de modulación de valor 6 son 18 las bandas laterales a transmitir, según se ve en la tabla de Bessel de la fig. 2.2.2. Esto implicaría un ancho de banda muy grande en el canal y transformaría a la técnica inviable.

De tal manera que surge una pregunta fundamental:

¿Cuantas bandas laterales son necesarias para recuperar de manera razonable la información original?.

Como las bandas laterales están separadas entre sí por la frecuencia modulante, para una señal periódica, se puede expresar el ancho de banda mínimo en FM como:

$$B_{FM} = 2.n.f_m = 2.n.B \qquad\qquad [2.3.1]$$

Donde n es el número de bandas laterales significativas y f_m, la frecuencia de la señal modulante. Cuando se trata de una banda base, tomamos como la máxima frecuencia a transmitir como el ancho de banda base B.

Son muchos los criterios para calcular n. Atento al hecho de que el índice de modulación es variable y si pasan las altas frecuencias las bajas seguramente pasaran, una buena aproximación suele ser tomar:

$$n = m_f + 1 \qquad\qquad [2.3.2]$$

Donde m_f, es el índice de modulación más chico, es decir el que corresponde a la frecuencia modulante más alta o el ancho de banda base, reemplazando 2.3.2 en 2.3.1 y operando.

$$B_{FM} = 2.(m_f + 1).f_m = 2.(m_f + 1).B = 2.(\Delta f_c + B) \qquad [2.3.3]$$

El camino propuesto llega a una expresión denominada la regla de Carson y ocupa un ancho de banda menor que el que se calcularía utilizando todos los términos de Bessel. Esta regla define que con este cálculo, se encuentra aproximadamente el 98 % del total de la potencia de la onda modulada. Este concepto será analizado más adelante luego de estudiar el contenido de potencia de la señal de FM.

Tomando la expresión 2.3.3, se ve que si el índice de modulación es muy pequeño ($m_f \ll 1$), el ancho de banda de la señal modulada es casi dos veces el ancho de banda base. Si tomamos un índice de 0.25, de la tabla 2.2.2, surge que la señal en ese caso esta formado por la portadora y un par de bandas laterales. Esto se aproxima a una señal de AM y se la suele designar como FM de banda angosta. Para el caso contrario es decir para índices de modulación $\gg 1$, se la denomina de banda ancha y es la clásica FM.

Ejemplo 2.3.1

En el ejemplo 2.2.2.

Determinar:

    a)   La cantidad de bandas laterales por Bessel.

    b)   El ancho de banda necesario por Bessel.

    c)   La cantidad de bandas laterales según Carson.

    d)   El ancho de banda según Carson.

Respuestas

    a)   Analizando la tabla de la fig. 2.2.2, son ocho bandas laterales, es decir cuatro para cada lado.

    b)   Es evidente entonces que el ancho de banda según Bessel, será:

$$B_{FM} = 2.n.f_m = 2.n.B = 2.4.10 Khz = 80 KHz$$

    c)   Ahora bien aplicando el criterio de Carson según la 2.3.2, la cantidad de bandas laterales significativas será:

$$n = m_f + 1 = 2 + 1 = 3$$

    d)   de donde el ancho de banda será:

$$B_{FM} = 2.n.f_m = 2.n.B = 2.3.10 Khz = 60 KHz$$

Calcularemos utilizando la desviación de frecuencia y la banda base, según la 2.3.3. sabemos que la desviación de frecuencia para el ejemplo es de 20 KHz, de donde.

$$B_{FM} = 2.(\Delta f_c + B) = 2.(20 Khz + 10 Khz) = 60 KHz$$

Es evidente que se usa un ancho de banda menor por el criterio de Carson. Esta será la manera que se calcula el ancho de banda en FM.

Resolver la actividad 2.3

2.4 Análisis de la potencia de una señal en FM

La potencia de una señal modulada en FM, es igual a la potencia de la portadora no modulada. Es decir las bandas laterales no aportan energía como en el caso de la AM.

La potencia de la portadora sin modular, se distribuye en las bandas laterales cuando se modula. La potencia total es constante e independiente de la señal modulante.

La potencia de portadora se calcula, tomando el valor eficaz de la componente de la amplitud de portadora multiplicada por el coeficiente, es decir se la divide por $\sqrt{2}$ y elevando al cuadrado y dividiendo por la impedancia nos queda:

$$P_c = \frac{\left[J_0(m_f).E_c \right]^2}{2.Z_L} \qquad [2.4.1]$$

Con el mismo concepto, la potencia de la primera banda lateral, se obtiene:

$$P_{1BL1} = \frac{\left[J_1(m_f).E_c \right]^2}{2.Z_L} \qquad [2.4.2]$$

Para las dos primeras bandas laterales se multiplica por dos la 2.4.2

$$P_{2BL1} = \frac{\left[J_1(m_f).E_c \right]^2}{Z_L} \qquad [2.4.3]$$

La potencia de las dos enésimas bandas laterales:

$$P_{2BLn} = \frac{\left[J_n(m_f).E_c \right]^2}{Z_L} \qquad [2.4.4]$$

Aclaramos nuevamente que cuando el sistema no modula el valor de $J_0(m_f) = J_0(0) = 1$ y es la potencia total, que luego cuando modula se distribuye en las bandas laterales, según el valor de los coeficientes de Bessel.

Ejemplo 2.4.1

Tomando el ejemplo 2.2.2, suponiendo que el sistema carga sobre una impedancia normalizada de 1 Ohm.

Determinar:

a)   La potencia total.

b)   La potencia que transmite utilizando el ancho de banda según Carson.

c)   Un estudio comparativo, entre Bessel y Carson.

Respuesta

a)   La potencia total considerando una impedancia normalizada de 1 Ohm, puede calcularse considerando que el sistema no modula y en ese caso la $J_0(m_f) = J_0(0) = 1$ y por lo tanto.

$$P_c = \frac{\left[\, J_0(m_f).E_c \,\right]^2}{2.Z_L} = \frac{(1.20.V)^2}{2.1} = 200W$$

Esta es la potencia total que se distribuye en cada componente cuando el sistema modula.

b)   El ancho de banda de este caso es según lo resuelto en el ejemplo 2.3.1 de

$$n = m_f + 1 = 2 + 1 = 3$$

$$B_{FM} = 2.n.f_m = 2.n.B = 2.3.10Khz = 60Khz$$

Es decir se toman las tres primeras bandas laterales y calcularemos la potencia para esta cantidad de bandas.

Estas son las amplitudes de las bandas

$$J_0(2) = 0,22$$
$$J_1(2) = 0,58$$
$$J_2(2) = 0,35 \quad \longleftarrow \text{ Se toman las tres bandas}$$
$$J_3(2) = 0,13$$
$$J_4(2) = 0,03$$

Cuando el sistema modula, las potencias se distribuyen en la portadora y en cada banda lateral según sus amplitudes.

Para la portadora será:

$$P_c = \frac{\left[\, J_0(m_f).E_c\, \right]^2}{2.Z_L} = \frac{(0,22.20.V)^2}{2.1} = 9,68W$$

Para cada par de bandas laterales:

$$P_{2BL1} = \frac{\left[\, J_1(m_f).E_c\, \right]^2}{Z_L} = \frac{(0,58.20)^2}{1} = 134,56W$$

$$P_{2BL2} = \frac{\left[\, J_2(m_f).E_c\, \right]^2}{Z_L} = \frac{(0,35.20)^2}{1} = 48W$$

$$P_{2BL3} = \frac{\left[\, J_3(m_f).E_c\, \right]^2}{Z_L} = \frac{(0,13.20)^2}{1} = 6,76W$$

c) La potencia que se transmite según el ancho de banda de Carson, será la suma de las potencias que aportan cada uno de los componentes, es decir de la portadora y las seis bandas.

$$P_T = P_C + P_{2BL1} + P_{2BL2} + P_{2BL3} = 9,68W + 134,56W + 48W + 6,76W = 199W$$

d) La potencia total es de 200W, según lo consignado en la respuesta a, utilizando el criterio de Carson la potencia que se transmite es de 199 W. Si se comparan ambas la relación es

$$\frac{199}{200} = 0,995 \rightarrow 99,5\%$$

Esto implica que el criterio de Carson es muy bueno para calcular el ancho de banda de la señal de FM ya que esta contenido el 99,5 % de la potencia total que se trasmitiría utilizando todas las bandas laterales.

A efectos de clarificar calcularemos la potencia de las dos últimas bandas laterales que nos da Bessel.

$$P_{2BL4} = \frac{\left[\, J_4(m_f).E_c\, \right]^2}{Z_L} = \frac{(0,03.20)^2}{1} = 0,36W$$

Valor muy poco significativo en aporte de potencia y que si se transmite incrementa el ancho de banda, por ello esta bien el criterio que se utiliza para el cálculo del ancho de banda según Carson.

Se realizará una representación espectral de las potencias que aportan cada banda lateral y la portadora

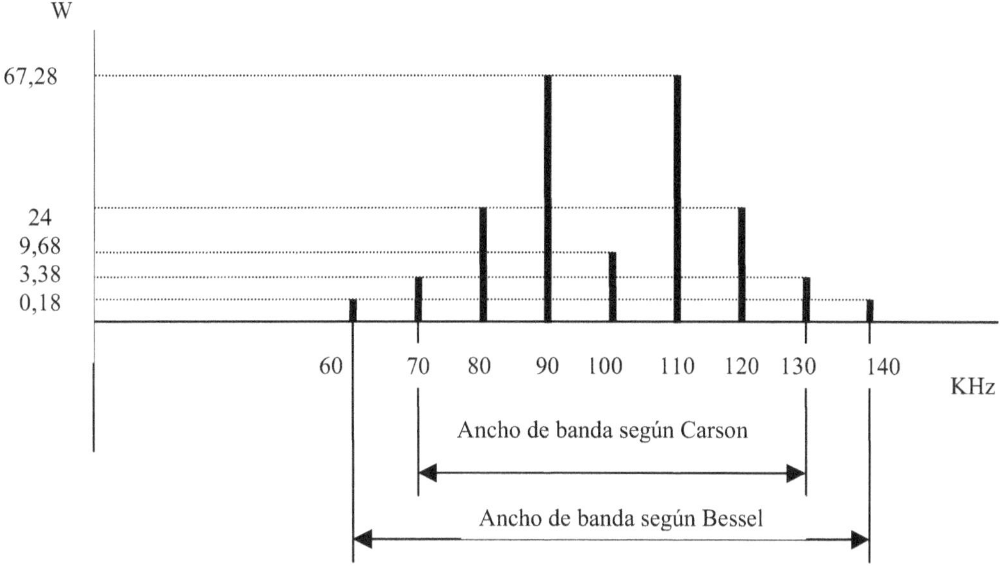

Con el criterio de Carson ya se ha visto que el ancho de banda es de 60 KHz y en este están contenidos 199 W de los 200 W a transmitir, es decir que es un criterio muy razonable ya que achica de manera considerable el ancho de banda de la señal modulada en FM. Si se utiliza el ancho de banda de diseño de Bessel el valor es de 80 KHz y no incrementaría la potencia y si el espacio en el canal.

Por ello el criterio de Carson es el que se utiliza para el cálculo del ancho de banda de una señal modulada en frecuencia.

Resolver la actividad 2.4

2.5 Detección de FM

A efectos de recuperar la banda base, se trata de lograr una transferencia lineal amplitud vs. frecuencia y luego detectar convencionalmente. Variaciones de frecuencia en amplitud, el aspecto más sencillo es derivar idealmente la señal de FM.

Tomando la 2.3.6 y desarrollándola para una función de modulación genérica y luego y derivando respecto del tiempo queda:

$$\frac{d\phi_{FM}}{dt} = \frac{d}{dt}\left[\; E_c Sen(\omega_c t - m_f Cos\omega_m t) \; \right] =$$

$$= E_c(\omega_c + m_f.\omega_m.Sen\omega_m t).Cos(\omega_c t - m_f Cos\omega_m t)$$

[2.5.1]

Reemplazando el índice de modulación $m_f = \dfrac{\Delta\omega_c}{\omega_m}$

$$= E_c(\omega_c + \Delta\omega_c Sen\omega_m t).Cos(\omega_c t - m_f Cos\omega_m t) =$$

[2.5.2]

Para dar una forma matemática de una expresión conocida sacamos factor común ω_c en el primer paréntesis

$$\frac{d\phi_{FM}}{dt} = \omega_c . E_c (1 + \Delta\omega_c Sen\omega_m t)Cos(\omega_c t - m_f Cos\omega_m t) \qquad [2.5.3]$$

Se ve que la expresión 2.5.3, contiene una modulación en amplitud y en frecuencia simultáneamente. Aprovechando esto la componente de AM, se la pasa un detector de envuelta o uno sincrónico, un filtro pasa bajos y se recupera la banda base.

La fig. 2.5.1, muestra el esquema de cajas de la detección de FM con derivador y detector de envuelta

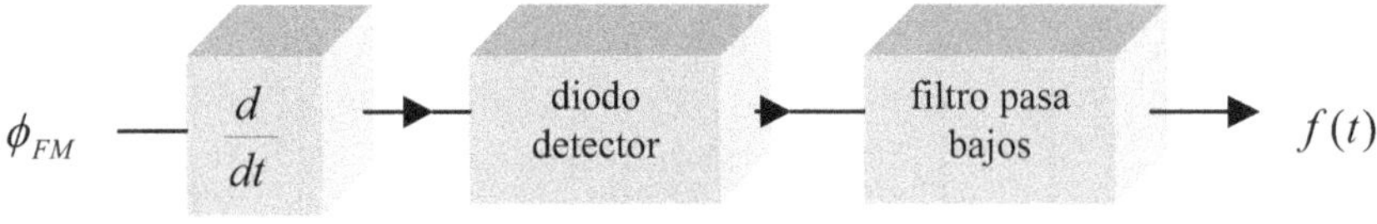

Figura 2.5.1

En la fig. 2.5.2, se realiza la representación temporal punto a punto del esquema de cajas de la fig. 2.5.1

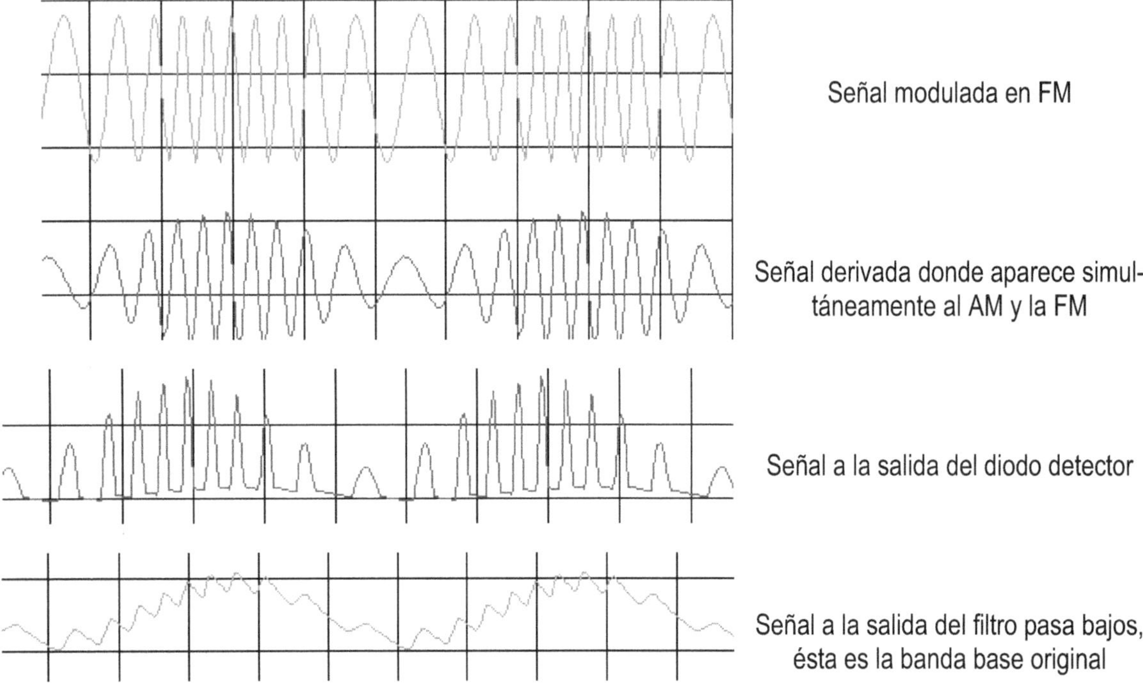

Figura 2.5.2

Debido a que es un poco dificultoso realizar circuitos derivadores para desviaciones de frecuencia grandes, es que la derivación puede aproximarse razonablemente con cualquier dispositivo que tenga una función de transferencia lineal con la frecuencia.

A tal efecto existe una diversidad de circuitos, donde se busca mejorar la función de transferencia y que además se logre actuar con desviaciones de frecuencia grandes. Estos circuitos en definitiva transforman las variaciones de frecuencia en amplitud y se los denomina discriminadores.

Son muy conocidos el Foster-Seeley, el de relación, el Travis, etc. A modo de ejemplo, diremos que el Travis, también denominado de triple sintonía, tiene buena sensibilidad acepta grandes desviaciones de frecuencia y da salida cero cuando entra la portadora.

El circuito dispone dos secundarios sintonizados a la $\omega_c \pm \Delta\omega_c$ y se obtiene una función de transferencia razonablemente lineal.

En la fig. 2.5.3 se muestra el circuito

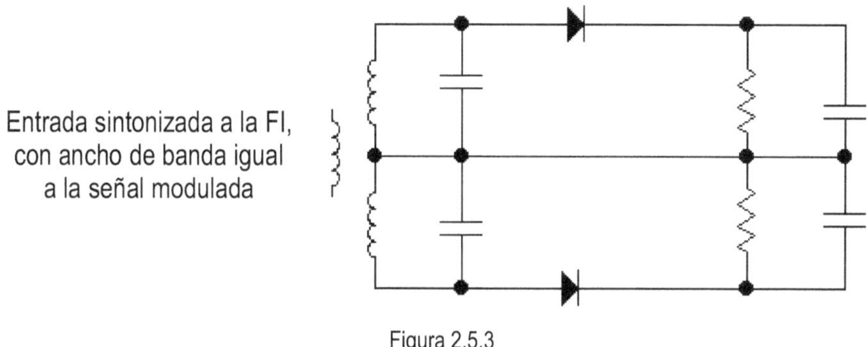

Figura 2.5.3

En la fig. 2.5.4, se representan las dos curvas de sintonía de cada secundario y a partir de ellas surge una función de transferencia lineal.

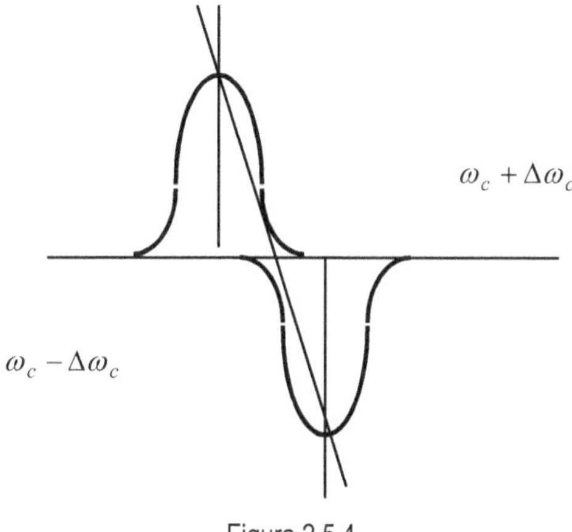

Figura 2.5.4

La función es razonablemente lineal y da salida cero en la frecuencia de portadora. Es importante destacar que el ruido en el canal de comunicaciones actúa variando la amplitud y la fase de las señales moduladas puesto que es un vector aleatorio que se suma a la señal. En el caso de la FM se puede minimizar razonablemente el efecto de amplitud del ruido por que todas las estas señales luego de la FI, pueden se limitadas en amplitud. De tal manera que cuando entran a los discriminadores ya esta limitadas.

Las técnicas más modernas de detección de señales de FM, utilizan los circuitos PLL (phase loop lock), lazo de enganche de fase

Resolver las actividades 2.5 2.6 y 2.7

2.6. Discriminación con PLL

El circuito de lazo de enganche de fase (PLL), es muy utilizado en modulación y demodulación, en generación y síntesis de frecuencia. Existen referencias de que su uso comienza en 1932 en detección, pero su tamaño hacía imposible su uso masivo.

El advenimiento de los integrados y en particular los VLSI, el PLL se ha transformado en un aliado muy importante en los circuitos de comunicaciones, con alta confiabilidad y pequeño tamaño.

Fundamentalmente el PLL, es un circuito realimentado donde la señal de control es una frecuencia en lugar de una señal convencional. De tal manera que este circuito se engancha siempre a una frecuencia de referencia.

A modo de comentario se presenta el diagrama en bloques generalizado en la fig. 2.6.1

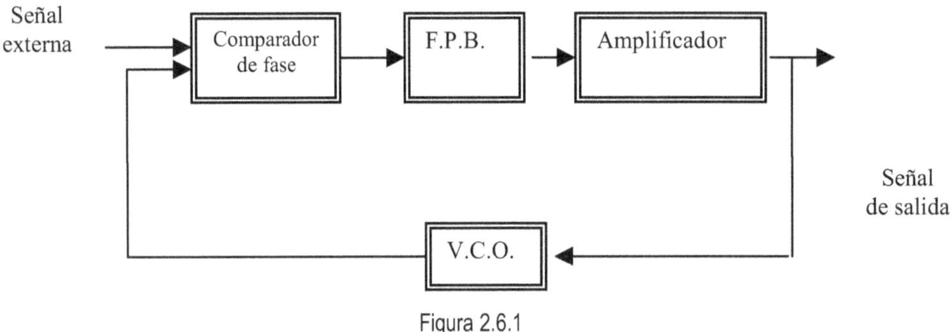

Figura 2.6.1

Si tomamos el comparador de fase analógico como un dispositivo no lineal, a la salida de este existe una combinación armónica de sumas y restas de frecuencias entre la señal externa y la del VCO, el filtro pasabajos selecciona la tensión que resulta de la diferencia entre ellas y se ajusta el VCO a la referencia.

Si la señal externa es una FM, se ve claramente que la salida del filtro es una tensión cuya amplitud varía según la variación de frecuencia y la cantidad de veces que varia es función de la cantidad de veces que se desvía la externa. De donde se obtiene la señal demodulada.

Resolver las actividades 2.8 y 2.9

2.7 El diagrama de recepción y el limitador

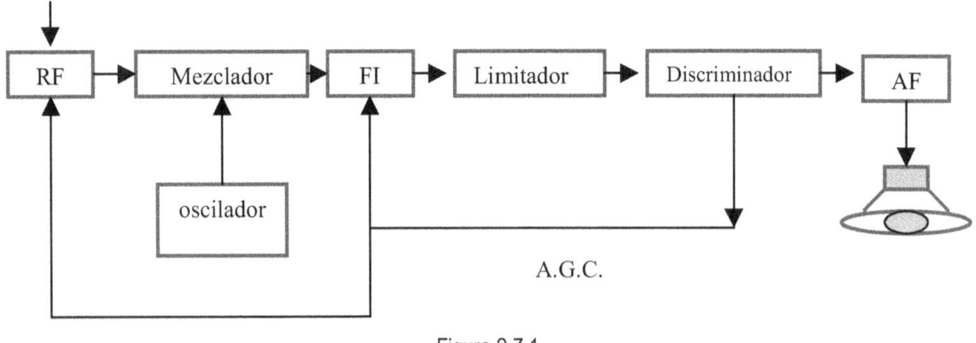

Figura 2.7.1

El diagrama de recepción es convencional, con el agregado de un limitador a efectos de minimizar el efecto del ruido aditivo del canal. A modo de síntesis se representa un esquema general en la fig. 2.7.1

El limitador se explica como un dispositivo que minimiza el ruido que se suma en el canal. A la señal modulada se le suma el ruido del canal y el resultado es que hay cambios de amplitud y de fase en la señal modulada. El circuito lo que hace es dejar pasar la señal con una cierta amplitud, lo que minimiza el efecto de amplitud del ruido. En la fig. 2.7.2, se ve el modelado con la señal de FM y el ruido que se suma en el canal.

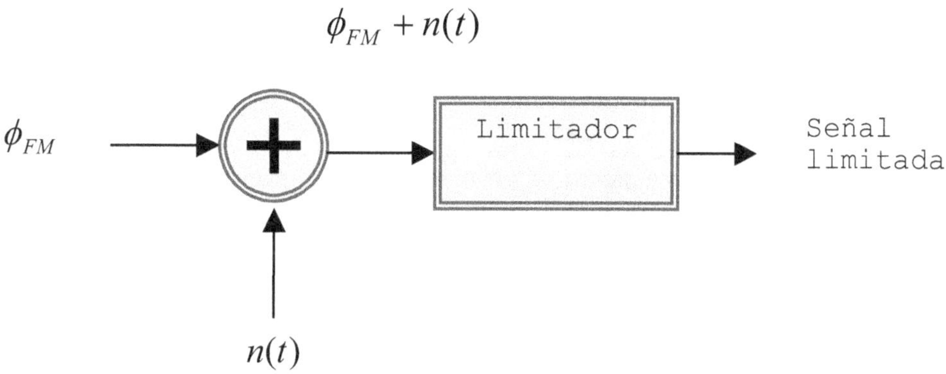

Figura 2.7.2

En la fig. 2.7.3, se presenta la representación temporal de la señal de FM sin ruido, luego con ruido y por último el efecto del limitador en la señal con ruido que acota la amplitud de la señal resultante y minimiza el efecto del ruido.

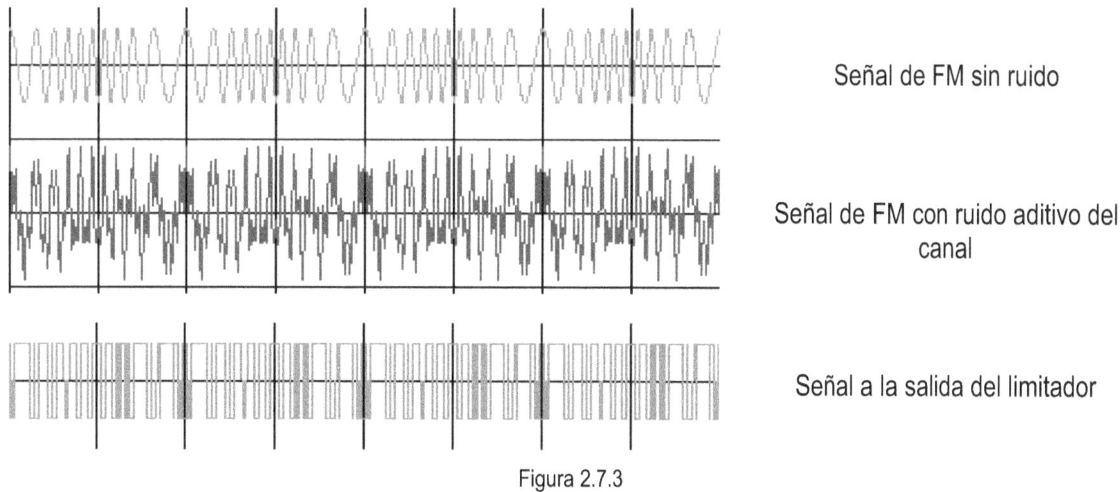

Figura 2.7.3

A modo de ejemplo uno de los circuitos limitadores más sencillos se puede realizar con dos diodos en antiparalelo tal como se ve en la fig. 2.7.4

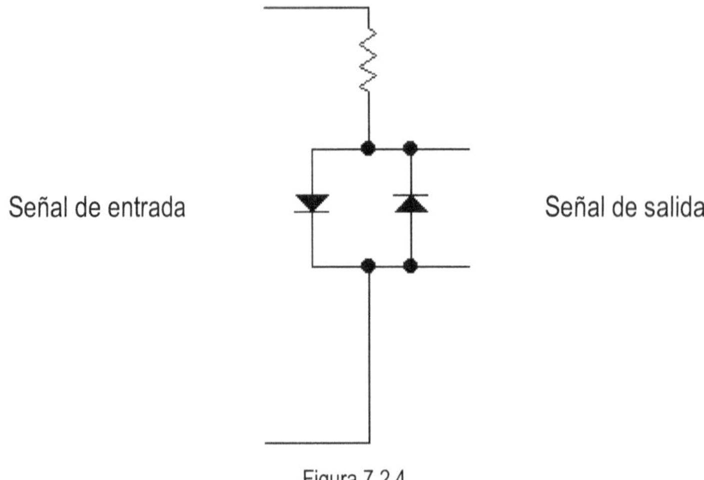

Figura 7.2.4

A efectos de interpretar mejor el funcionamiento, si a este circuito se lo excita con una onda senoidal la salida se limita y da una cuadrada. Esto se ve en la fig. 7.2.5, donde se ve la entrada senoidal y la salida limitada.

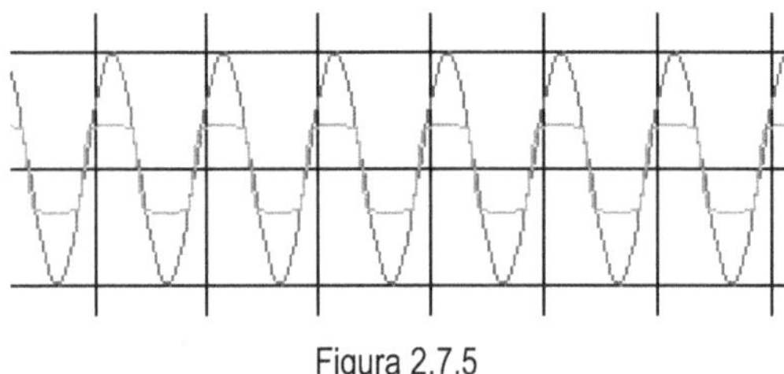

Figura 2.7.5

Resolver las actividades 2.10, 2.11 y 2.12

2.8 Necesidad de redes de compensación

Si analizamos la señal modulada en sus bandas laterales se ve claramente que cuando los índices de modulación son pequeños, las bandas laterales son muy pocas. Por ejemplo para $m_f = 0,5$, son tres bandas laterales con muy poca amplitud. Esto implica que la potencia se distribuye casi toda en la portadora y muy poca en las bandas laterales. En el caso de índices grandes la cantidad de bandas crece y hay mas potencia en las bandas que en la portadora.

Cuando se demodula la señal la información está en las bandas y para índices pequeños es menor la potencia en las bandas que para los índices grandes.

De donde al trasmitir la señal, el ruido en el canal se suma a la señal cambiando la amplitud y la fase de la señal modulada. Si el nivel de ruido que se suma es constante, éste afecta en mayor medida a los índices bajos ya que teniendo poca potencia en las bandas la relación entre la señal y el ruido es muy baja. En cambio si el índice es alto hay mas potencia en las bandas y la relación señal ruido es mayor.

Este significa que las altas frecuencias (índice pequeño) el ruido las afecta más que a las bajas.

Para superar este inconveniente antes de modular se pasa la señal por una ecualización que amplifica las altas frecuencias y luego de ser demoduladas, se realiza el proceso inverso para que la banda base tenga de nuevo la amplitud original. A la primera red se la llama pre énfasis y a la segunda de énfasis.

En la fig. 2.8.1 se muestran algunos modelos de redes pasivas.

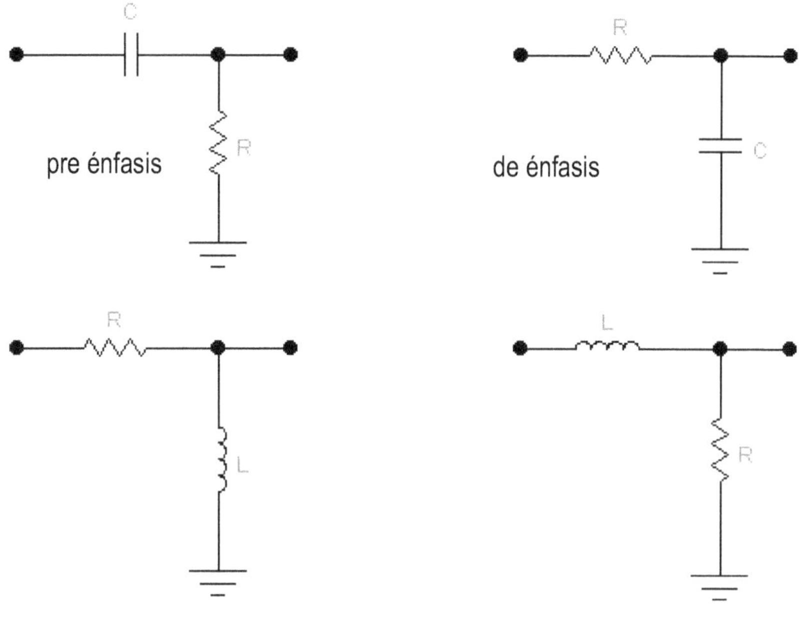

Figura 2.8.1

En la fig. 2.8.2, se muestra la gráfica en frecuencia de la respuesta de la red de pre énfasis en el transmisor y el de énfasis en el receptor

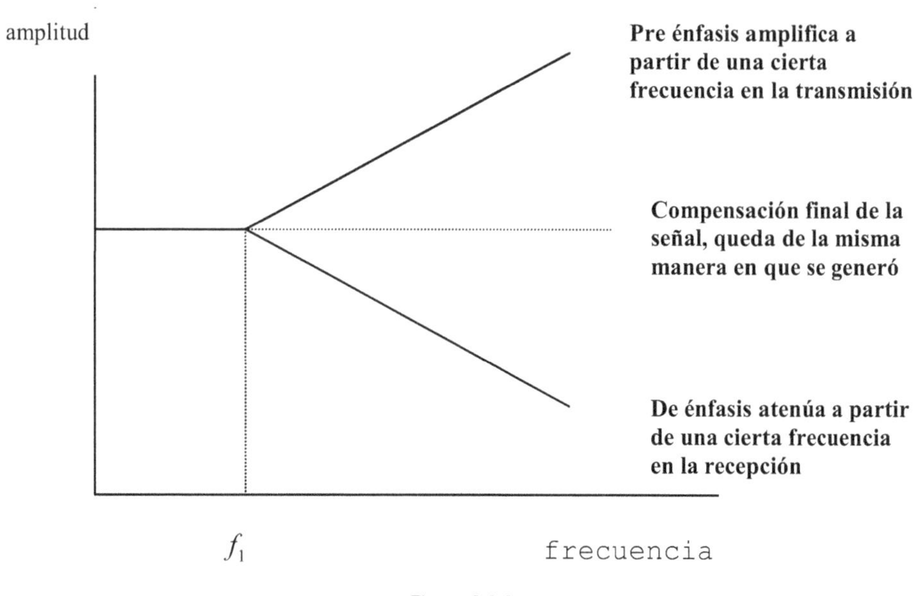

Figura 2.8.2

Resolver la actividad 2.13

2.9 Características de la radiodifusión comercial

Para la radiodifusión comercial en FM, se toman los siguientes valores:

Espectro: 88-108 MHz

Ancho de banda base: 15 KHz

Desviación de frecuencia de portadora: 75 KHz

Indice de modulación mínimo: 5

Ejemplo 2.9.1

Calcular la FI de radiodifusión comercial en FM, tomando K para la elección de FI: 0,7.

Utilizando 1.19.8, se tiene

$$FI = \frac{f_{max} - f_{min}}{2} + K = \frac{108 - 88}{2} + 0,7 = 10,7\,Mhz$$

El ancho de banda de la señal modulada será aplicando la regla de Carson:

$$B_{FM} = 2.(\Delta f_c + B) = 2.(75 + 15) = 180 Khz$$

Se toman 200 KHz para el ancho de banda, esto asegura mayor cantidad de bandas laterales pero además es un valor entero que hace entrar 100 canales de radiodifusión entre los 88 y 108 MHz

Ejemplo 2.9.2

En el ejemplo 1.20.2, se analizó la problemática de la segunda armónica del oscilador local en un receptor, que al no ser filtrada permite que el receptor sintonice señales fuera de su rango normal.

En muchas ocasiones se escucha en un receptor comercial de FM el sonido de algunos canales de TV.

   a) ¿Porque razón ocurre esto?

   b) ¿En que frecuencia del dial del receptor se escucharía canal 10?

Respuesta

a)   En la TV comercial el vídeo esta modulada en amplitud en banda lateral vestigial con portadora y el sonido esta modulado en frecuencia. El ancho de banda de la señal es de 6 MHz en la norma N, que se utiliza en nuestro país

   Donde la banda base tiene la siguiente forma:

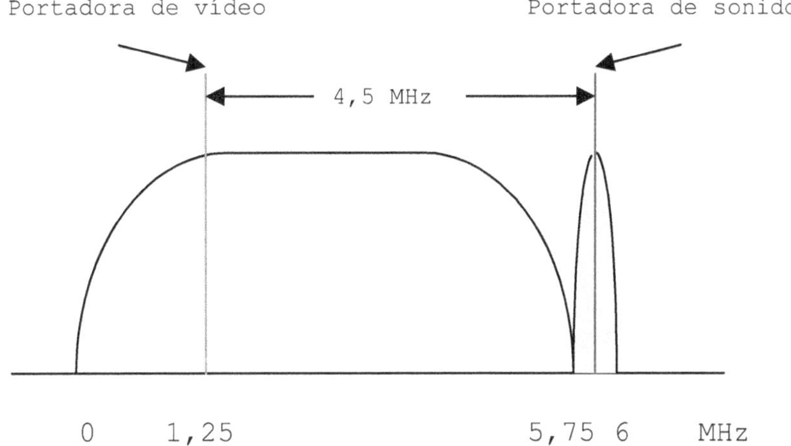

En la distribución del espectro para canales de TV en VHF, canal 10 ocupa 192-198 MHz. Tomando la banda la banda base y ubicándola en esta parte del espectro la portadora de vídeo será de 193,25 MHz y la de sonido será de 197,75 MHz.

Entonces como es posible que una señal de sonido en 197,75 MHz sea escuchada en un receptor comercial de FM, cuyo servicio va de 88 a 108 MHz.

Aplicando los conceptos del ejemplo 1.20.2, es posible que la segunda armónica del oscilador local se combine con la señal del canal y si el receptor no es suficientemente selectivo se escuche el sonido del canal.

b)   Si entra la señal de 197,75 MHz por falta de selectividad el oscilador en su segunda armónica debe estar entregado el siguiente valor:

$$f_{osc\,2°\,armónica} = f_{sin\,tonía} \pm FI = 197,75\,MHz \pm 10,7\,MHz =$$

Se obtienen dos posible valores 208,45 MHz y 187,05 MHz. Estos son dos posibles valores de la segunda armónica del oscilador. Esto significa que las posibles frecuencias a las que estaría oscilando serían

$$\frac{208,45}{2} = 104,225\,MHz$$

$$\frac{187,05}{2} = 93,525\,MHz$$

Para estos dos posibles valores de oscilador existen cuatro valores de sintonía.

$$f_{sin\,tonía} = f_{osc} \pm FI =$$

$$104,225 + 10,7 = 114,925 \text{ MHz}$$

$$104.225 - 10,7 = \mathbf{93{,}525\ MHz}$$

$$93,525 + 10,7 = 104,225 \text{ MHz}$$

$$93,525 - 10,7 = \textbf{82,825 MHz}$$

Se ve que los dos posibles valores de sintonía son los marcados en negrita pues entrarían en el receptor. En general los receptores son del tipo súper heterodino de tal manera que en general este canal se escucha en 93,525 MHz.

Resolver la actividad 2.14

2.10 La FM estéreo

En 1965 la FCC (comité Federal de Comunicaciones) en USA, reglamentó la transmisión de la FM estéreo. Con el concepto de compatibilidad y retrocompatibilidad, desarrolló una norma al efecto.

La idea es que si se transmite en estéreo, el receptor mono escucha en mono (compatibilidad) y cuando se transmite en mono el receptor estéreo escucha en mono (retrocompatibilidad).

La banda base que ingresa al modulador se ve en la fig. 2.10.1

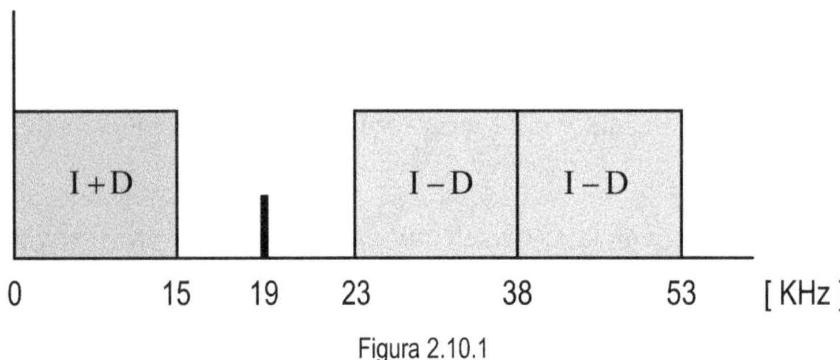

Figura 2.10.1

Se define entonces una banda base donde el canal izquierdo se suma al derecho y esto es lo que escucha el RX mono y también se restan ambos canales, de tal manera que el Rx estéreo, separa ambos canales. Lo hace simplemente sumando y restando ambas señales.

$$\text{I+D+(I-D)= 2.I} \qquad\qquad\qquad [2.10.1]$$

$$\text{I+D-(I-D)= 2.D} \qquad\qquad\qquad [2.10.2]$$

Para que la diferencia de los canales no se mezcle con la suma se la desplaza en frecuencia modulándola en doble banda lateral con portadora suprimida en 38 Khz. Se genera además un piloto de 19 KHz, que servirá en el Rx, para reinyectar los 38 KHz y obtener la I-D demodulada para realizar el proceso de separación de canales.

El diagrama de Tx se ve en la fig. 2.10.2

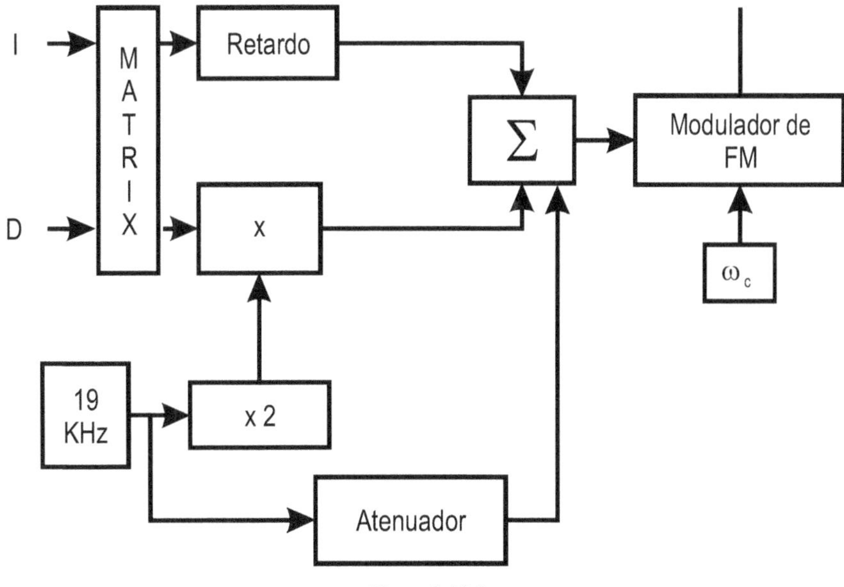

Figura 2.10.2

A la salida de la matriz esta I+D e I-D, en banda base, el retardo se aplica para compensar las diferencias de fase que ocurren a I-D, que se la modula en 38 Khz. El atenuador se coloca para que el piloto de 19 KHz ingrese con el 10 % de amplitud.

El receptor estéreo es convencional, es decir tiene las etapas generales ya descriptas y a la salida del discriminador se colocan filtros, el de 0-15 deja pasar I+D, el de 23-53 KHz deja pasar I-D modulada en 38 KHz para ser demodulada en el multiplicador, la portadora de 38 KHz se obtiene mediante el filtro de 19 KHz que deja pasar el piloto y luego se lo multiplica por dos, tal como se ve en la fig. 2.10.3

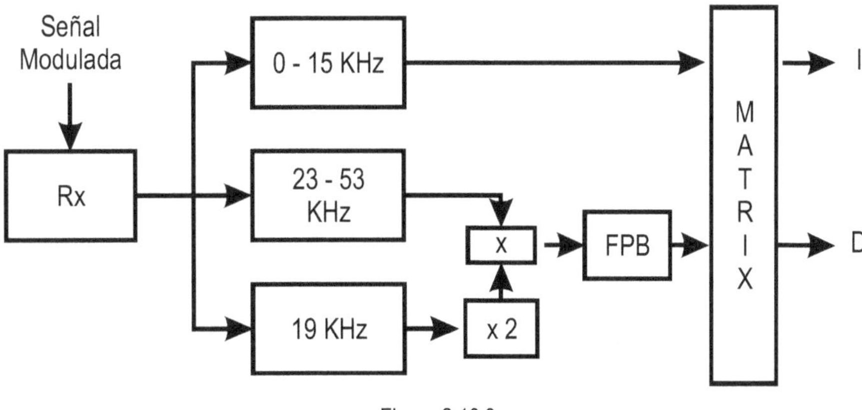

Figura 2.10.3

Como Ud. ya completo la unidad, en contenidos y actividades, sería conveniente que resuelva el autotest de la unidad 2.

Actividades

2.1 Utilizando la 2.2.6, en el graficador observe la señal de FM, con la siguiente expresión

sin((10*x)-5*cos(x))

Para este caso el índice de modulación es 5, pruebe variar este valor utilizando 3,4 y 8 y vea como varía la señal modulada.

2.2 Una señal modulante senoidal de 20 Voltios de amplitud y frecuencia 20 KHz, modula en frecuencia a una portadora senoidal de frecuencia 200 KHz y 30 Voltios. El modulador tiene un coeficiente de diseño (k_m) de 2,4 KHz / Voltio. Esto implica que por cada voltio de modulante aplicada desvía la portadora en 2,4 Khz.

Determinar:

    a) La expresión de la modulante.

    b) La expresión de la portadora.

    c) La desviación de frecuencia.

    d) El índice de modulación en frecuencia.

    e) El valor de los coeficientes de Bessel, sacados de la tabla.

    f) La expresión de la señal modulada, reemplazando todos los valores.

    g) Gráfica en frecuencia de la señal modulada.

2.3 Determinar el ancho de banda de la consigna 2.1

2.4 Una portadora de 300 KHz de frecuencia, 30 V de amplitud y forma senoidal es modulada en frecuencia por un tono senoidal de 10 V de amplitud y 10 KHz de frecuencia. El modulador tiene un coeficiente de diseño (k_m) de 3 KHz/ voltio. Sabiendo que el sistema carga sobre una impedancia de 50 Ohms.

Determinar:

    a) La expresión de la portadora.

    b) La expresión de la modulante.

    c) La desviación de frecuencia.

    d) El índice de modulación.

    e) Los coeficientes de Bessel, obtenidos de la tabla.

    f) La expresión de la señal modulada.

    g) El ancho de banda de la señal modulada.

h) La potencia total que transmitiría con todas las componentes.

i) La potencia total que transmite para el ancho de banda calculado.

2.5 ¿Porque razón no se generaliza el uso de derivadores para la demodulación de FM. ?.

2.6 ¿Qué tipo de circuitos se prefiere utilizar y que función cumplen?

2.7 Enuncie algunos circuitos discriminadores típicos muy conocidos.

2.8 ¿Qué significa la sigla PLL?.

2.9 ¿Qué es fundamentalmente un PLL?.

2.10 ¿Cómo influye el ruido del canal de comunicaciones a la señal modulada?.

2.11 ¿Cómo se explica el uso de limitador de amplitud en receptor de FM?.

2.12 ¿Cómo funciona un limitador de amplitud?

2.13 Explique detenidamente porque son necesarias las redes de pre énfasis y de énfasis.

2.14 En un receptor comercial de radiodifusión en FM, se escucha el sonido de canal 12 (204-210 MHz).

La portadora de sonido estará entonces en 209,75 MHz.

Determinar:

a) ¿Por qué razón ocurre esto?.

b) ¿En que posibles lugares del dial se escucharía?.

Autotest: Sistema de Comunicaciones

Lea detenidamente y resuelva las consignas, no deje nada sin contestar. De ser necesario consulte los contenidos de la unidad 2.

1. ¿En la FM, de que parámetro de la modulante es función la desviación de frecuencia?.

2. Si la desviación máxima y mínima de la frecuencia de portadora se la mantiene constante. ¿Dónde está entonces la modulación en frecuencia?.

3. ¿Qué demostró Carson en 1922, en un estudio matemático, respecto del ancho de banda en FM?.

4. Exprese matemáticamente la regla de Carson para el cálculo de ancho de banda de la señal modulada en FM.

5. Desde el punto de vista de la potencia, con esta regla, ¿Qué porcentaje de la potencia total se transmite?

6. Una señal modulante senoidal de 10 Voltios de amplitud y frecuencia 5 KHz, modula en frecuencia a una portadora senoidal de frecuencia 100 KHz y 20 Voltios. El modulador tiene un coeficiente de diseño (k_m) de 1 KHz / Voltio. Esto implica que por cada voltio de modulante aplicada desvía la portadora en 1 Khz. Si el sistema carga sobre una impedancia de 50 Ohms.

   Determinar:

   a) La expresión de la modulante.

   b) La expresión de la portadora.

   c) La desviación de frecuencia.

   d) El índice de modulación en frecuencia.

   e) El valor de los coeficientes de Bessel, sacados de la tabla.

   f) La expresión de la señal modulada, reemplazando todos los valores.

   g) Gráfica en frecuencia de la señal modulada.

   h) La cantidad de bandas laterales por Bessel.

   i) El ancho de banda necesario por Bessel.

   j) La cantidad de bandas laterales según Carson.

   k) El ancho de banda según Carson.

   l) La potencia total.

   m) La potencia que transmite utilizando el ancho de banda según Carson.

h) Un estudio comparativo, entre Bessel y Carson, desde el punto de vista de la potencia que se transmite y el ancho de banda.

7. Si se deriva la señal de FM ¿Qué términos contiene el resultado?

8. ¿Cómo se aprovechan estas componentes?.

9. Porque se prefiere utilizar discriminadores para la detección de FM, en lugar de derivadores.

10. ¿Cómo se explica el funcionamiento del limitador en un receptor de FM?.

11. ¿Por qué razón se suele escuchar el sonido de los canales de TV de aire, en los receptores de radiodifusión comercial en FM?.

12. ¿Cuál es la idea de compatibilidad y retrocompatibilidad para la FM mono y estéreo ?.

13. Grafique la banda base de la FM estéreo.

3

Modulación por Pulsos

Objetivos

- Comprender los conceptos básicos de muestreo y digitalización de señales.

- Interpretar el concepto del ancho de banda de señales digitales en canales ideales y no ideales.

- Conocer el concepto de multiplexación y demultiplexación de señales digitales.

- Realizar cálculos simples de velocidades y anchos de banda de señales multiplexadas.

Contenidos

3.1 Teorema del muestreo

Una señal continua en el tiempo no necesita ser transmitida en su totalidad para ser recuperada. Simplemente transmitiendo muestras espaciadas adecuadamente con la ayuda de un filtro pasa bajos podemos recuperar la señal original.

Podemos expresar esto de la siguiente manera:

"Dada una señal continua en el tiempo si se toman muestras espaciadas por lo menos al doble de su frecuencia, es posible luego recuperar la señal original pasándola por un filtro pasa bajos"

Esto implica que la cantidad de muestras deben por lo menos ser el doble de la frecuencia de la señal.

La señal debe tener por lo menos dos muestras por cada hertz, es decir que la frecuencia de muestreo será como el mínimo el doble de la máxima frecuencia a muestrear. Esto se lo conoce como el teorema del muestreo y fue desarrollado por Nyquist en 1928.

Una forma de obtener las muestras de la señal es tomar la función a analógica y multiplicarla por una función de pulsos periódica, en la fig. 3.1.1, se presenta el diagrama en bloques.

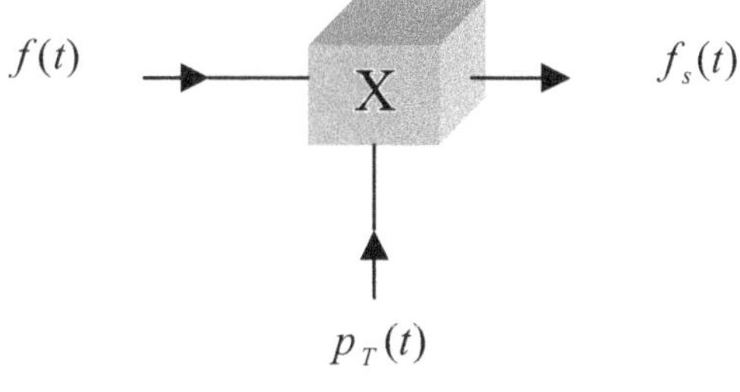

Figura 3.1.1

En la fig. 3.1.2, se muestra la función, la señal de pulsos de muestreo y la resultante para una frecuencia de muestras al doble de la señal de entrada.

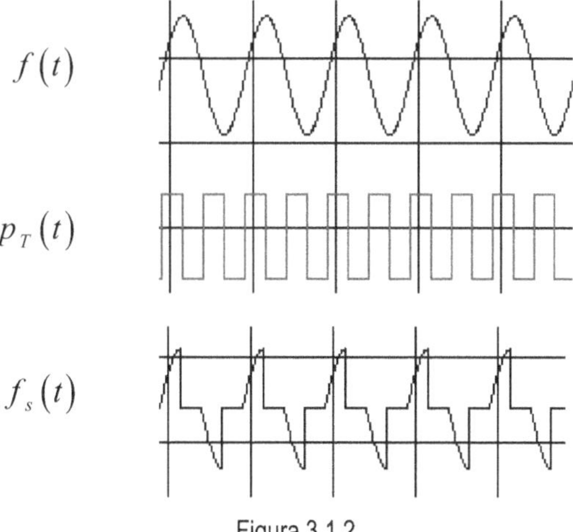

Figura 3.1.2

En la medida que aumente la frecuencia de las muestras es mucho mejor la recuperación de la función original, en la fig. 3.1.3, se muestran los resultados con frecuencia de muestreo de cuatro y ocho veces la frecuencia de la señal de la fig. 3.1.2

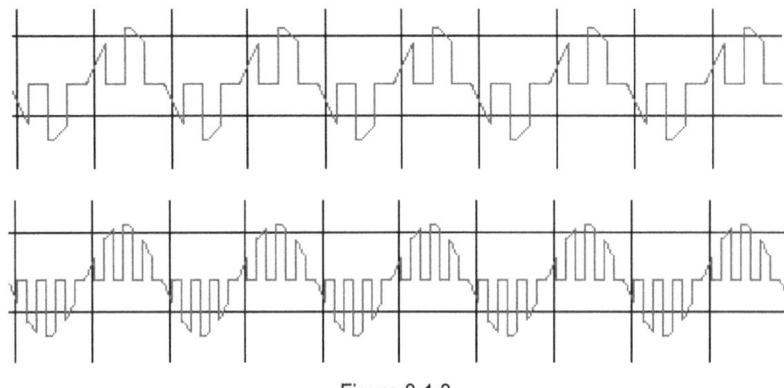

Figura 3.1.3

La recuperación de la señal se hace mediante la aplicación de la señal muestrada a un filtro pasa bajos, como se ve en la fig. 3.1.4

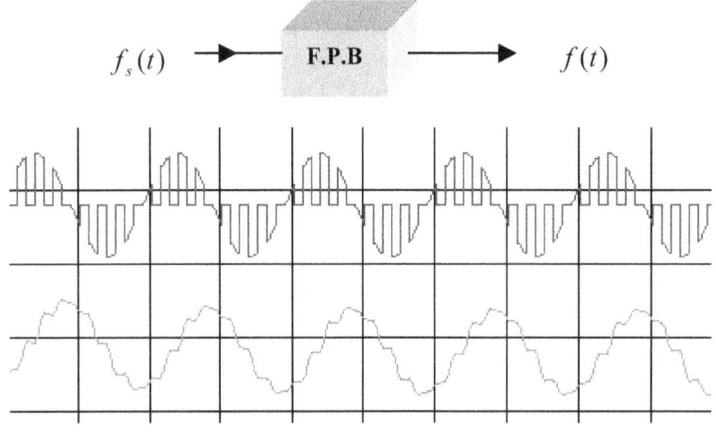

Figura 3.1.4

De donde se podemos expresar que para que una señal muestreada pueda ser recuperada es menester que la frecuencia de muestreo sea por lo menos el doble de la frecuencia de la señal. **Esto implica que existe por lo menos una muestra por cada hemiciclo de la señal (tasa de Nyquist).** Pero si se aumenta la frecuencia de muestreo es mejor la recuperación de la señal.

3.2. Velocidad y ancho de banda

Se expresó que una señal de 1 KHz necesita por lo menos dos mil muestras para ser muestreada. Utilizaremos indistintamente la velocidad o frecuencia de muestreo con el símbolo v_{PAM} la unidad será de muestras / seg.

Esto significa que por cada dos muestras ocupamos 1 Hz de ancho de banda, de donde en esta situación esas dos mil muestras están ocupando 1 KHz de ancho de banda.

Si por ejemplo deseamos muestrear dicha señal con un número mayor de muestras tal como cuatro mil, el ancho de banda aún es mayor y vale 2 Khz. De tal manera que a mayor frecuencia de muestreo aplicada a la señal crece el ancho de banda.

En la figura 3.2.1 se presenta una tabla de ancho de banda ideal que ocuparía una señal de 1 KHz muestreada con diferentes valores.

Frecuencia de la señal	Muestras / segundo	Ancho de banda
1 KHz	2000	1 KHz
1 KHz	4000	2 KHz
1 KHz	8000	4 KHz

Figura 3.2.1

Mayor cantidad de muestras mejor calidad de la señal recuperada, pero implica mayor ancho de banda, particularidad de todas las señales al ser digitalizadas.

Esta situación es más crítica aún al modular una señal digital puesto que si lo hacemos en amplitud la señal resultante termina ocupando el doble del ancho de banda base.

Sin embargo esto tiene una solución importante cuando se aplican técnicas multinivel que permiten achicar el ancho de banda de la señal modulada resultante.

Por otro lado las señales digitales son fácilmente regenerables, a diferencia de las analógicas y además se pueden multiplexar en el tiempo, es decir en los espacios vacíos colocar muestras de otras señales. Analizaremos estos aspectos en este capítulo.

Ejemplo 3.2.1

Dada una señal cuya frecuencia máxima es de 10 khz.

Determinar:

a) La frecuencia mínima de muestreo (tasa de Nyquist).

b) Realizar una tabla con el ancho de banda que ocuparía la señal muestreada para frecuencias de muestreo tales dos, cuatro y ocho veces la frecuencia máxima de la señal.

Respuestas:
a) La tasa de Nyquist es el doble de la frecuencia a muestrear por lo tanto:

$$v_{PAM} = 2.f_{max} = 2.10 KHz = 20\frac{Kmuestras}{seg}$$

b)

Frecuencia de la señal	KMuestras / segundo	Ancho de banda (KHz)
10 KHz	20	10
10 KHz	40	20
10 Khz	80	40

Este cálculo del ancho de banda de la señal muestreada, se hace considerando todos los canales como ideales, en la práctica este valor es algo mayor dependiendo de cuanto nos alejamos del canal ideal. Este concepto se analizará mas adelante.

Resolver la actividad 3.1, 3.2 y 3.3

3.3. Modulación de pulsos por amplitud

Esta técnica de muestreo, se la denomina PAM, modulación de pulsos por amplitud, es decir que la información queda en la amplitud de las muestras. Donde el ancho de banda resultante de una señal en PAM, es la mitad de su velocidad de muestreo.

$$B_{PAM} = \frac{v_{PAM}}{2}$$

[3.3.1]

En general estas técnicas son afectadas por el ruido del canal ya que como la información esta en la amplitud de las muestras el ruido al sumarse las altera. En la fig. 3.3.1, vemos una señal en PAM sin ruido y con ruido aditivo del canal de comunicaciones.

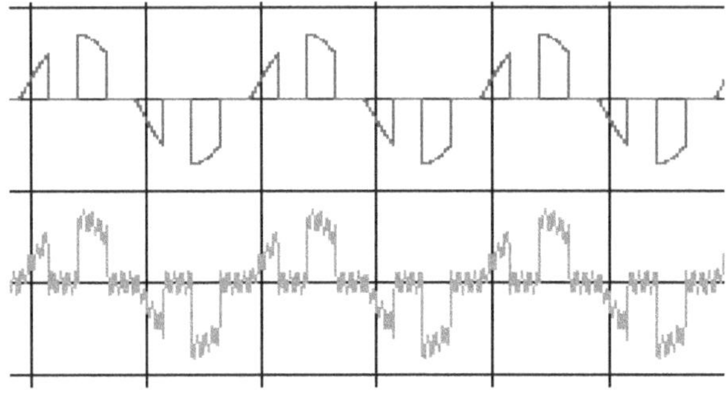

Figura 3.3.1

Es evidente que la señal resultante, sufre deformaciones y será dificultosa su recuperación.

Por ello es que se utilizan otras técnicas de digitalización, donde la información no está en la amplitud de las muestras.

Partiendo del muestreo se transforma la señal para que la información quede en el ancho de la muestra (PWM), o en la posición de las muestras (PPM), todas con la misma amplitud.

En general cuando se obtiene la señal en PAM, se utilizan el concepto de muestreo y retención (sample and hold). Es decir se toma una muestra y se retiene ese valor hasta que llegue la próxima.

Un esquema típico lo constituye la llave con un capacitor a la salida que retiene la carga hasta que se actualiza con una nueva muestra. La fig. 3.3.2, muestra dicho esquema.

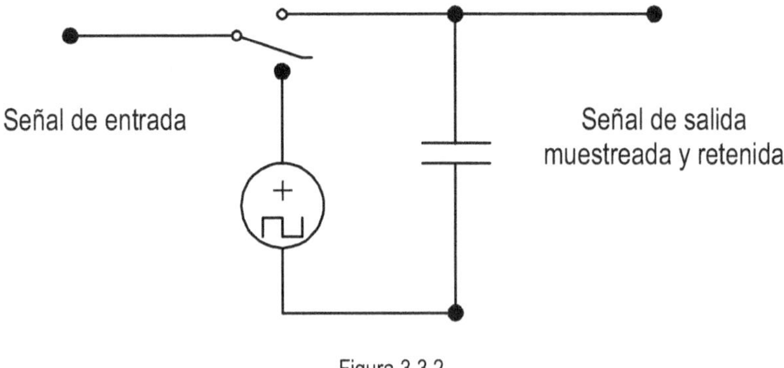

Figura 3.3.2

3.4 Modulación de pulsos por ancho (PWM) y por posición (PPM)

Partiendo de la señal en PAM, se transforman las amplitudes en anchos de pulsos o en posiciones diferentes.

En la fig. 3.4.1, se muestra que a partir de obtener PAM, se utiliza un conformador y se obtiene PWM y luego con la ayuda de un monoestable que se dispara con los flancos descendentes se obtiene PPM.

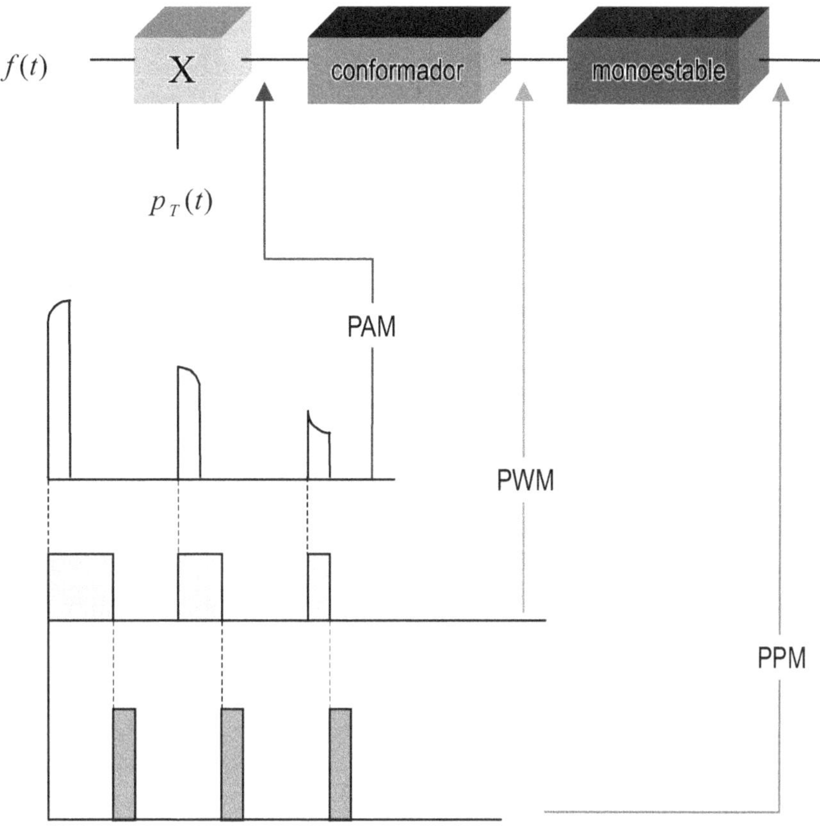

Figura 3.4.1

Resolver la actividad 3.4

Para la recuperación de la función original, en el caso de PWM se la hace pasar por un filtro pasa bajos. En el caso de PPM, si se la pasa por un FPB, se recupera una continua, lo que hace necesario primero transformar PPM en PWM o PAM y luego utilizar el filtro pasa bajos.

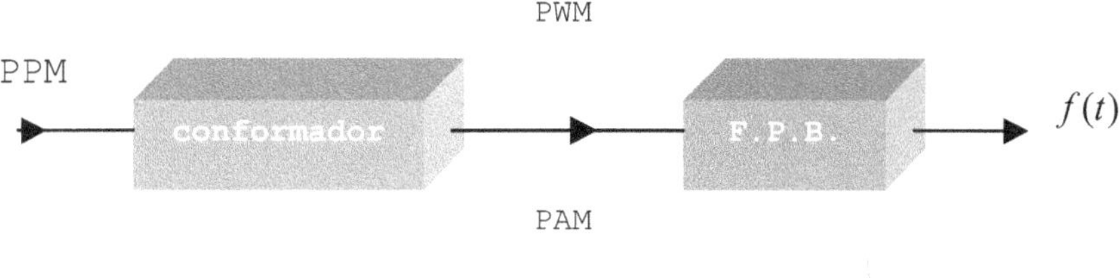

Figura 3.4.2

En el caso de PWM, como la información esta en el ancho del pulso, esto es suficiente para ser demodulada por un filtro pasa bajos. Sin embargo en PPM, el pulso siempre tiene la misma energía y la información esta en la posición, por ello se lo transforma a PAM o a PWM y luego se lo filtra. En la fig. 3.4.2, se muestra el esquema de bloques.

Cuando se multiplexan señales en el tiempo, en los espacios vacíos se coloca la muestra de otra señal. PPM o PWM, son técnicas muy poco utilizadas ya que como esta variando el ancho o la posición de la señal es muy complicado ocupar los espacios vacíos con señales que a su ves cambian el ancho o la posición de la señal. Por ello se prefiere definir otra técnica de conversión a señales digitales y es la de asignar un grupo de bits fijos a cada muestra PAM que se obtiene. Esta técnica se la denomina Modulación de Pulsos Codificados (PCM).

Resolver la actividad 3.5

3.5 Modulación de pulsos codificados (PCM)

Si bien es cierto estas técnicas son relativamente inmunes al ruido, nos encontramos con el problema que no se puede implementar fácilmente la multicanalización debido a que los espacios inter-muestras son variables.

En la actualidad se trabaja con el concepto de muestras de largo y ancho constantes, para lo cual se impone la representación de las muestras por códigos, tales como el binario, esto se denomina Modulación de pulsos codificados (PCM). Estos conceptos probablemente cambien en un futuro no muy lejano con la implementación de las redes neuronales.

Debe tenerse en cuenta que para un determinado rango dinámico de una señal existen infinitos valores a codificar, de tal manera que se hace necesario cuantificar la señal, definiendo un código al efecto.

De hecho que cuantificar significa agregar ruido a la señal definiendo una relación señal-ruido de cuantificación. Estos niveles fijaran la cantidad de bits para codificar. Incrementando la cantidad de bits, se disminuye el error de cuantificación pero se aumenta el ancho de banda de la señal. En la fig. 3.5.1, se muestra el diagrama en bloques de la codificación PCM, primero el muestreo, luego la cuantificación y luego la codificación.

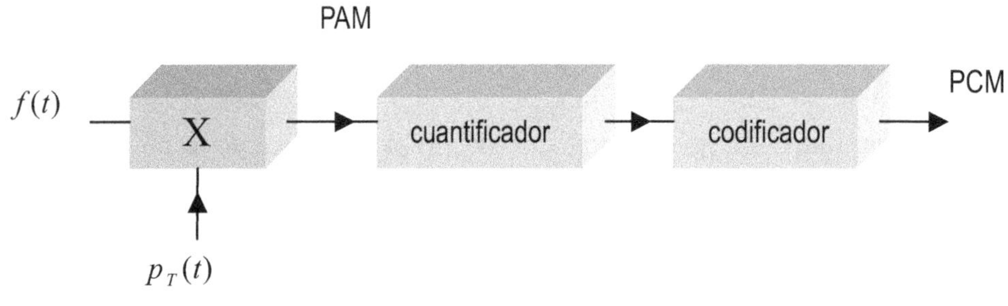

Figura 3.5.1

La cuantificación puede ser del tipo lineal (todos los niveles iguales), o del tipo no lineal que seguirá algún criterio en particular para la asignación de valores y tamaños de escalón.

El siguiente paso es asignar un dígito a cada nivel de manera que exista correspondencia uno a uno entre los niveles y el conjunto de los enteros reales. Esto se llama digitalización de la señal.

Por otro lado independientemente del ancho de banda el mínimo escalón que se puede definir estará fijado por la amplitud del ruido de la señal. La fig. 3.5.2 muestra la cuantificación y codificación de una señal ocho niveles.

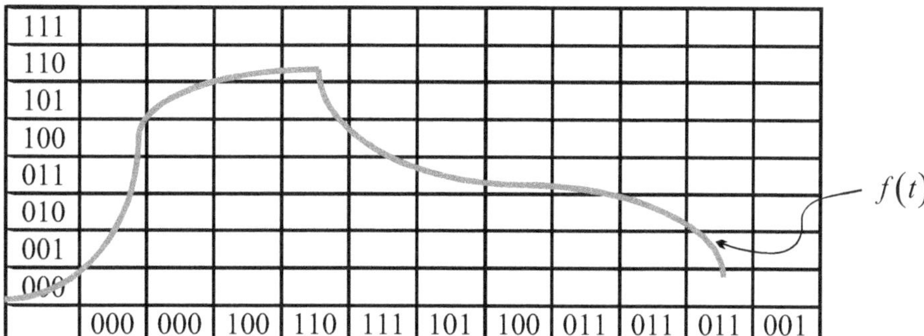

Figura 3.5.2

En la fig. 3.5.2, se ve que la señal a digitalizar es cuantificada en ocho niveles, esto se muestra en el eje vertical. En el eje horizontal están los instantes de muestreo y en cada caso el valor que se asigna en ese momento. De donde la señal digital será una serie de bits 00000010011011110110011011001, que resultan de la cuantificación y la codificación.

Este proceso reduce la señal a un conjunto de dígitos en los sucesivos tiempos de muestra, originando un sistema totalmente digital. El código más común utilizado es el binario.

Analizando lo expresado es lógico interpretar que ha medida que aumentan los bits de codificación crece el ancho de banda de la señal digitalizada.

De hecho que si tomamos una señal de 1 KHz, que se la muestrea con 4 Kmuestras/seg, sabemos que esta señal ocupa un ancho de banda de 2 Khz. Ahora bien si a cada muestra de la señal PAM, se le asigna un código binario de tres bits por cada muestra la velocidad final aumenta.

La velocidad en PCM la designaremos como v_{PCM} y esta se obtendrá como la velocidad PAM por la cantidad de bits por muestra.

$$v_{PCM} = v_{PAM} \cdot \frac{N^{o} bits}{muestra} = 4\frac{Kmuestras}{seg}.3\frac{bits}{muestra} = 12\frac{Kbits}{seg} \qquad [3.5.1]$$

Ahora bien, por cada dos bits se ocupa un Hz de ancho de banda de tal manera que el ancho de banda de la señal en PCM, será:

$$B_{PCM} = \frac{v_{PCM}}{2} = \frac{12}{2} = 6KHz \qquad [3.5.2]$$

Note que la señal original de 1 KHz, al ser digitalizada aumenta su ancho de banda a 6 KHz, para este caso. Si se incrementa la calidad de la señal es decir se la codifica con más bits el ancho de banda crece.

Es de destacar que el cuantificador y el codificador se encuentran integrados en un bloque que se denomina conversor analógico digital (A/D)

Ejemplo 3.5.1

Una banda base analógica, cuyo esquema en frecuencia se muestra a continuación, es digitalizada en PCM con un código binario:

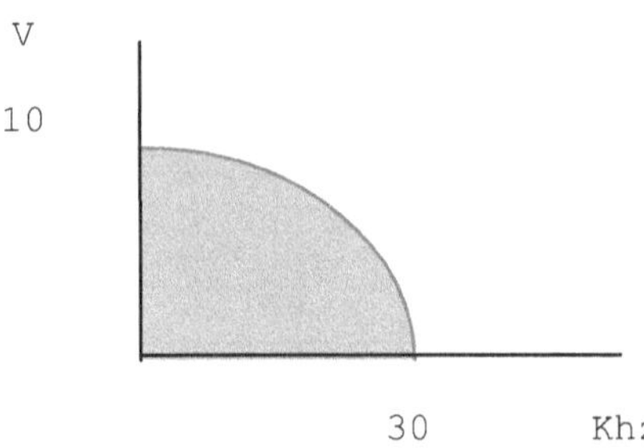

Determinar:

a) La tasa de Nyquist, para muestrear la señal.

b) La frecuencia de muestreo para un valor cuatro veces la tasa.

c) Una tabla de velocidades y anchos de banda si se codifica con 3, 4, 5 y 6 bits.

Respuestas:

a) La tasa de Nyquist es el doble de la frecuencia máxima a transmitir, de tal manera que:

$$2.30 Khz = 60 \frac{Kmuestras}{seg}$$

b) Si se usa una tasa cuatro veces mayor el valor será de:

$$4.60 = 240 \frac{Kmuestras}{seg}$$

c) La velocidad en PCM será:

$$v_{PCM} = v_{PAM} \cdot \frac{bits}{muestra}$$

y el ancho de banda en PCM será:

$$B_{PCM} = \frac{v_{PCM}}{2}$$

Aplicando estos conceptos armamos la tabla.

$v_{PAM}\left(\dfrac{Kmuestras}{seg}\right)$	$\dfrac{N^\circ\,bits}{muestra}$	$v_{PCM}\left(\dfrac{Kbits}{seg}\right)$	$B(KHz)$
240	3	720	360
240	4	960	480
240	5	1200	600
240	6	1440	720

3.6 Decodificación de PCM

Para recuperar la función original de una señal codificada en PCM, se decodifica con un conversor digital a analógico (D/A). Es decir dada una secuencia binaria esta se transforma en valores de amplitud proporcionales y luego con un filtro pasa bajos se recupera la función original continua en el tiempo. La fig. 3.6.1, muestra el proceso.

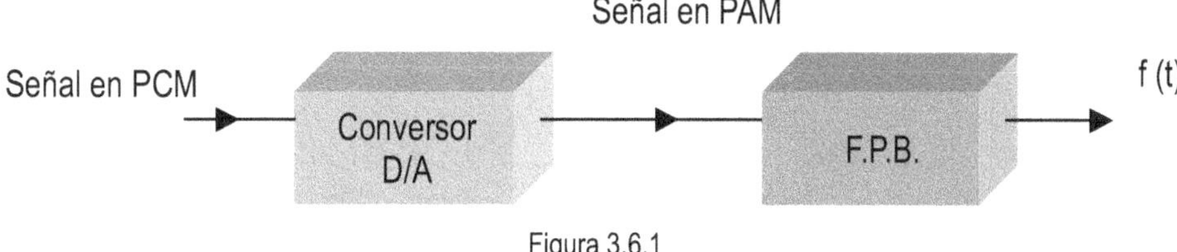

Figura 3.6.1

3.7 Analítica del ancho de banda en un canal no ideal

El análisis del ancho de banda de las señales digitales, como simplemente la mitad de su velocidad es para el caso de que los canales se comporten como ideales. En realidad un canal ideal se ve de la siguiente manera en la fig. 3.7.1

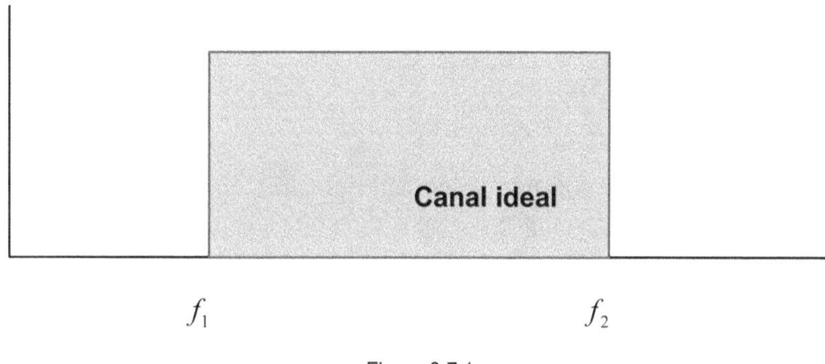

Figura 3.7.1

Donde el ancho de banda del canal ideal será la diferencia entre las dos frecuencias que lo acotan que en este caso se la designaron como f_1 y f_2.

Sin embargo en la práctica los canales no son ideales y es necesario que se comporten tan cerca del ideal como sea posible, por ello se colocan filtros que modelan el canal aproximándolo al ideal.

Esta aproximación se mide con un coeficiente que se denomina roll-off (φ) y que mientras más chico sea mas se aproxima a un canal ideal. En la fig. 3.7.2, se muestra como se aproxima el canal no ideal al ideal.

La aproximación se ve en color rojo y mientras más cerca este el modelado cerca del ideal el roll-off es menor. Cuando este coeficiente sea cero el canal es ideal. Este coeficiente es un dato y puede valer cualquier valor entre cero y uno.

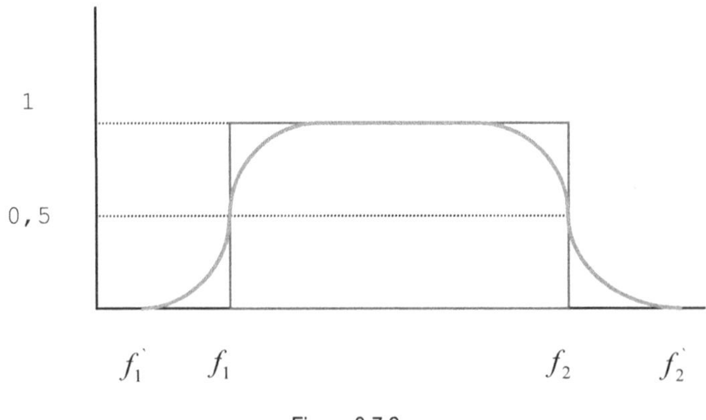

Figura 3.7.2

Cuando vale cero el canal es ideal, se designa como aproximación de coseno realzado cuando el coeficiente vale uno. Para otro valor de coeficiente $0 < \varphi < 1$, se lo denomina de seno realzado.

Con este coeficiente el ancho de banda de la 3.5.2, se transforma para los sistemas no ideales en:

$$B_{PCM} = \frac{v_{PCM}}{2}(1 + \varphi) \qquad\qquad [3.7.1]$$

Por norma este coeficiente tiene valores típicos para los canales telefónicos el valor es 0,1 que esta muy cerca de lo ideal, para las fibras ópticas esta en el orden de 0,6 y para la mayoría de los enlaces digitales es de 0,4.

Ejemplo 3.7.1

Dada una señal de 25 KHz, muestreada con una velocidad del triple de la tasa de Nyquist, que es codificada en PCM con 8 bits. Si el sistema ingresa a un canal con roll-off del 30 % (0,3).

Determinar:

a) La velocidad en PAM.

b) La velocidad en PCM.

c) El ancho de banda de la señal digital.

Respuestas:

a) La velocidad es cuatro veces la tasa de muestreo de donde

$$v_{PAM} = 4.2.25K = 200\frac{Kmuestras}{seg}$$

b) La velocidad en PCM

$$v_{PCM} = v_{PAM} \cdot \frac{bits}{muestra} = 200\frac{Kmuestras}{seg}.8\frac{bits}{muestras} = 1600\frac{Kbits}{seg}$$

c) El ancho de banda de la señal digital en canal no ideal utilizando 3.6.1

$$B_{PCM} = \frac{v_{PCM}}{2}(1+\varphi) = \frac{1600}{2}(1+0,3) = 1040 KHz$$

Resolver la actividad 3.7

3.8 Multiplexación de información

La digitalización de la información permite que en los espacios vacíos entre muestras, se coloquen muestras de otras señales. Este proceso se lo llama multicanalización o multiplexación de señales. Se puede realizar a partir de las muestras en PAM o de las señales ya codificadas en PCM. En el primer caso se lo denomina múltiplex analógico y en el segundo múltiplex digital.

Las señales así multiplexadas se las designa con la sigla TDM (múltiplex por división de tiempo). En la fig. 3.8.1, se muestra un esquema de cajas donde entran dos señales y se las multiplexa

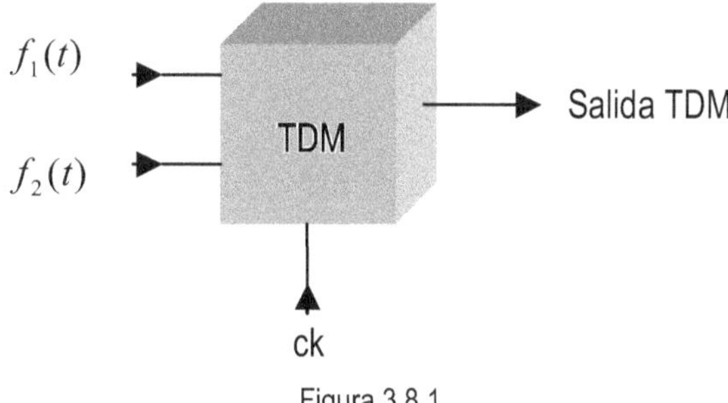

Figura 3.8.1

En TDM, se comporta como una llave, manejada por la frecuencia de muestreo o señal de clock (ck), que selecciona una u otra de las señales de entrada. A la salida estarán las muestras de cada una de ellas, formando un múltiplex analógico. En la fig. 3.8.2 ingresan al TDM, dos señales una senoidal de 1 KHz y otra triangular de 500 Hz. La llave se mueve a 4000 veces por segundo. De tal manera que a la salida se combinan las muestras de cada una.

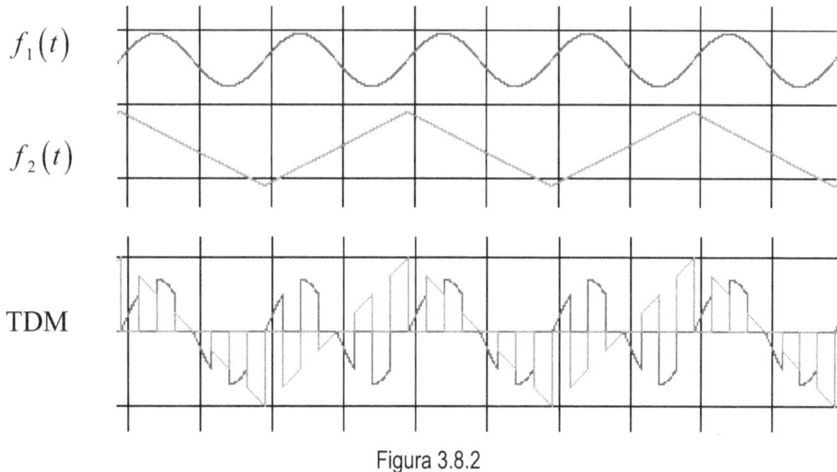

Figura 3.8.2

Luego esta señal se la digitaliza en PCM y se la transmite como una secuencia binaria de bits.

En los TDM digitales, se codifica las señales en PCM y luego se las ingresa al TDM y se agrupan los bits de cada señal.

Cualquiera sea la técnica, la salida es siempre la suma de las velocidades iniciales.

Alos TDM, también se los denomina multiplexores y se los representa como mux.

Ejemplo 3.8.1

Cuatro canales, limitados en banda a 10 kHz, son multiplexados en el tiempo y codificados en PCM con 5 bits. Sabiendo que el canal tiene un roll-off de 0,3.

Determinar:

a) Un diagrama en bloques de la generación.

b) La velocidad de muestreo mínima para cada canal.

c) La velocidad PAM a la salida del TDM.

d) La velocidad PCM.

e) El ancho de banda de la señal multiplexada.

Respuestas:

a)

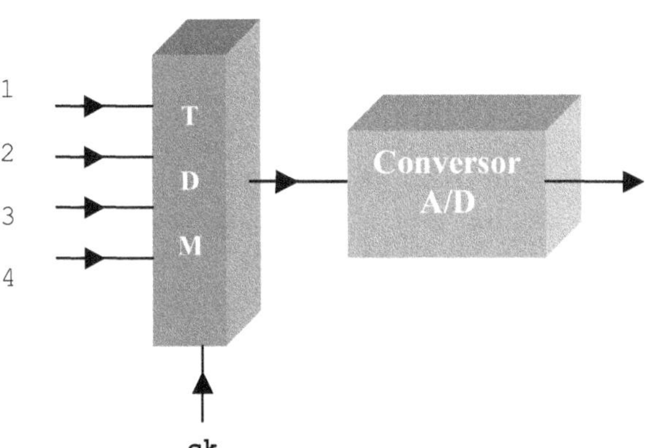

b) La tasa mínima para un canal será el doble de la frecuencia máxima a transmitir.

$$20\frac{Kmuestras}{seg}$$

Pero como son cuatro los canales la frecuencia de clock o de muestreo del TDM, debe ser cuatro veces la de un canal.

c) Por lo expuesto la velocidad PAM, será

$$v_{PAM} = 4.20 \, \frac{Kmuestras}{seg} = 80 \, \frac{Kmuestras}{seg}$$

d) La velocidad PCM, será:

$$v_{PCM} = v_{PAM} \cdot \frac{bits}{muestra} = 80 \, \frac{Kmuestras}{seg} \cdot 5 \, \frac{bits}{muestras} = 400 \, \frac{Kbits}{seg}$$

e) El ancho de banda de la señal multiplexada y codificada en PCM

$$B_{PCM} = \frac{v_{PCM}}{2}(1+\varphi) = \frac{400}{2}(1+0,3) = 260 Khz$$

Resolver la actividad 3.8

3.9 La demultiplexación

Recibida la señal multiplexada y codificada, es necesario separar los canales con la información original. Por ello el demultiplexor (demux) realiza el proceso inverso, es decir ingresa la señal multiplexada y la separa a la misma frecuencia de clock original.

El demux es una llave con una entrada, con n salidas y que se mueve a la misma frecuencia del original. La fig. 3.9.1, muestra esquema para un sistema con dos canales de salida.

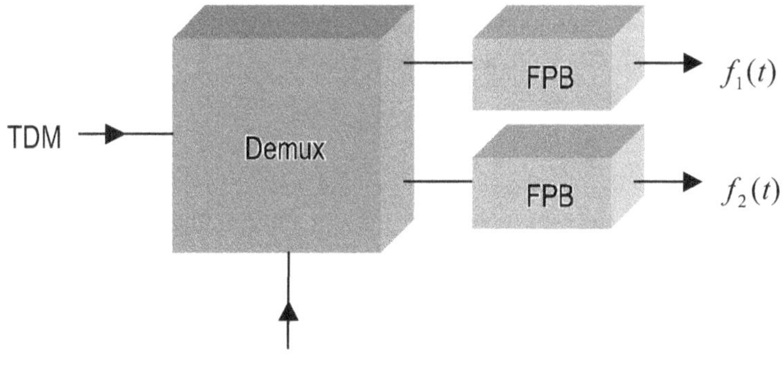

Figura 3.9.1

En la fig. 3.9.1, el demux es una llave que esta controlada por el clock que es el mismo del TDM. Cada muestra de manera alternada pasa al filtro pasa bajo y se recupera la señal original.

Si la señal multiplexada esta en PCM, primero se la decodifica y luego ingresa al demux y a los filtros pasa bajos.

3.10 El esquema completo mux-demux

Cuando se transmiten señales multiplexadas que luego deben demultiplexarse, debe tenerse en cuenta que el clock debe entrar en sincronismo tanto en Tx como en el Rx. Para mantener este sincronismo se suele utilizar un canal para este fin. En la fig. 3.10.1, se presenta el esquema general del sistema.

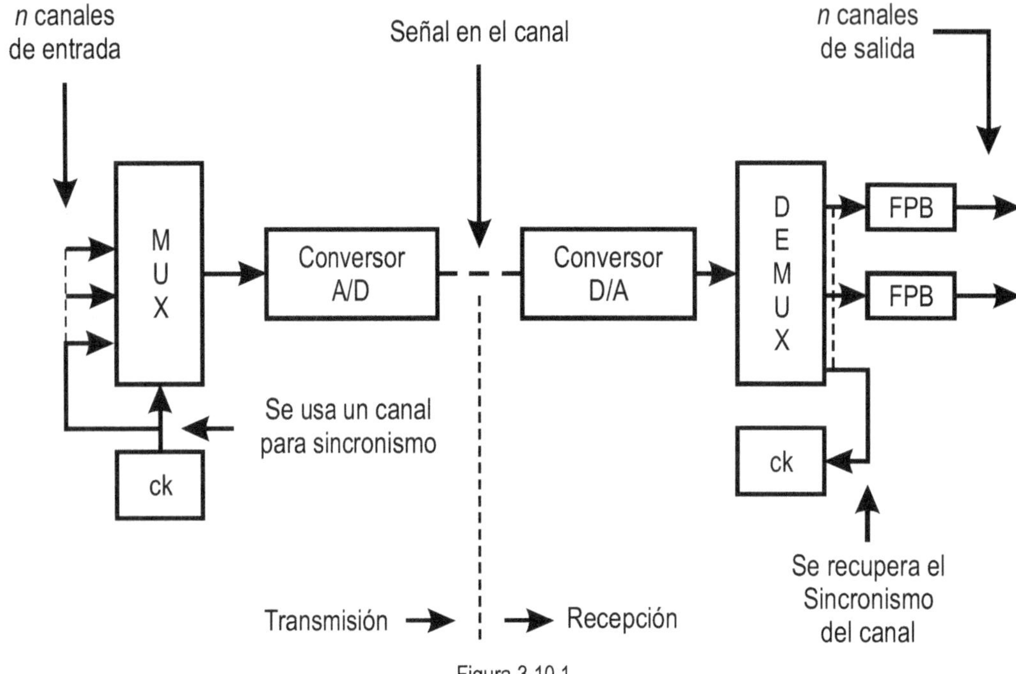

Figura 3.10.1

La estructura de las señales multiplexadas reciben el nombre de trama, sea en PAM o en PCM. Simplemente se puede decir que la trama es una señal multiplexada en PAM o en PCM.

Completada la multiplexación la señal se transmite y en general es menester modularlas, lo que implica que el ancho de banda de esta señal crece aún más. Por ello existen técnicas de modulación digital que se las denomina multinivel, cuya particularidad es que no incrementan el ancho de banda. Estas se estudian en el capítulo cuatro.

Ejemplo 3.10.1

Tomando la señal multiplexada del ejemplo 3.8.1, donde el ancho de banda base de dicha señal es de 260 KHz.

Determinar los anchos de banda de la señal si se la modula en:

a) AM.

b) DSBSC

c) SSB (BLU)

Respuestas:

a) Para AM el ancho de banda es el doble del ancho de banda base.

$$B_{AM} = 2.260 KHz = 520 KHz$$

b) En doble banda lateral con portadora suprimida el ancho de banda es el mismo que en AM

$$B_{DSBSC} = 520KHz$$

c) En BLU, el ancho de banda es el mismo que la banda base

$$B_{SSB} = 260KHz$$

Resolver la actividad 3.9

3.11 Modulación delta

Esta técnica es PCM de un solo bit para transmitir una información analógica. En PCM convencional cada código es una representación de una magnitud muestreada. De donde son necesarios varios bits para los posibles niveles a representar. En la modulación delta solo se transmite un bit como código de transmisión. De hecho, esto ocurre cuando la comparación entre la señal demodulada y la de transmisión se comparan y de acuerdo a que si es mayor o no, se envía el bit.

En la fig. 3.11.1 vemos el diagrama en bloques. La señal a digitalizar en delta es muestreada y retenida, con una frecuencia de muestreo, fijada por el clock, bastante alta típicamente diez veces mayor que la máxima a trasmitir.

Los mismos pulsos de clock, se aplican en un contador ascendente y descendente (up-down), esta cuenta se transforma en señal analógica con el conversor D/A y se la compara en un comparador con la señal de entrada.

La salida de este comparador es un uno si la señal de entrada es mayor que la que sale del D/A y es cero si es menor. Estos unos o ceros son los que habilitan al contador a que suba o baje el valor y de esta manera se sigue a la señal de entrada.

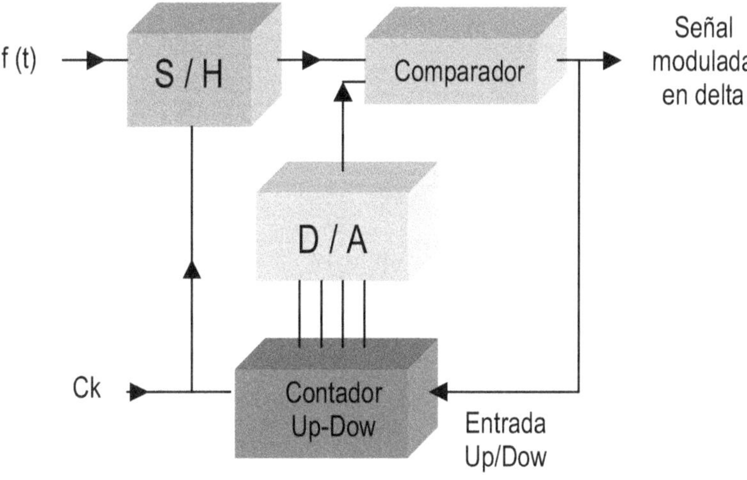

Figura 3.11.1

La señal que se transmite es la diferencia entre dos muestras sucesivas y el receptor es simplemente un contador U/D, con un conversor D/A, al se le aplica en la entrada estos pulsos y hace que suba o baje la cuenta lo que implica que sube o baja la señal analógica. La fig. 3.11.2, muestra el demodulador.

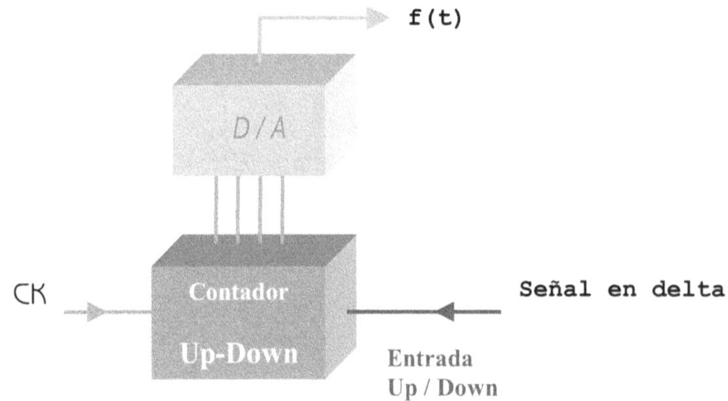

Figura 3.11.2

Note que el demodulador esta también incorporado en el generador, de tal manera de lograr un comportamiento simétrico en la demodulación.

A efectos de lograr una mejor interpretación se muestra en la fig. 3.11.3, la señal de entrada (original) que es analógica, la señal resultante (demodulada)a la salida del conversor D/A y los pulsos que se transmiten como resultante de la comparación en el comparador, que es la modulación delta.

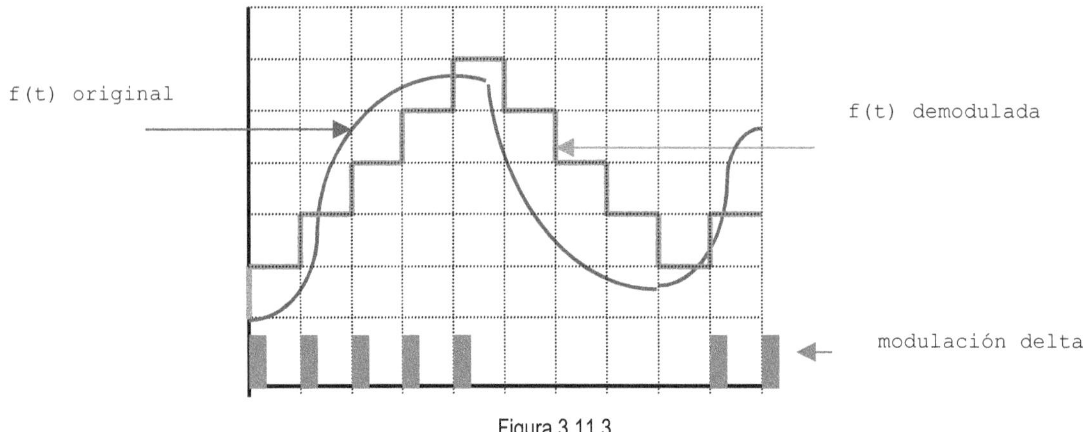

Figura 3.11.3

Resolver la actividad 3.10

Como Ud. ya completó la unidad, en contenidos y actividades, sería conveniente que resuelva el autotest de la unidad 3.

Actividades

3.1 Para una señal de 20 Khz.

Determinar:

   a) La frecuencia de muestreo a la tasa de Nyquist.

   b) Una tabla comparativa de velocidades y ancho de banda que ocuparía la señal muestreada con la tasa, el doble de la tasa y cuatro veces la tasa.

   c) La gráfica de la señal resultante en cada caso.

3.2 Utilizando la Serie de Fourier, es posible representar en el graficador una onda cuadrada. Esta es la forma de la serie de una señal de pulsos cuadrados.

$$f(t) = \frac{4}{\pi}\left(Cos\,\omega_0 t - \frac{1}{3}Cos.3.\omega_0 t + \frac{1}{5}Cos.5.\omega_0 t - \frac{1}{7}.Cos.7.\omega_0 t + ...\right)$$

En el graficador represente la onda cuadrada con la siguiente expresión.

   cos(x)-0.3*cos(3*x)+0.2*cos(5*x)

Ahora aumente la frecuencia.

   cos(10*x)-0.3*cos(30*x)+0.2*cos(50*x)

Si suma una constante la señal se desplaza en el eje vertical, pues tiene una componente continua. Grafique ahora.

   1+cos(10*x)-0.3*cos(30*x)+0.2*cos(50*x)

Esta es una aproximación y si coloca más términos mejor será la onda cuadrada.

3.3 Para realizar el muestreo tome la expresión anterior de la onda cuadrada y multiplíquela por una onda senoidal de menor frecuencia.

   (1+cos(10*x)-0.3*cos(30*x)+0.2*cos(50*x))*sin(x)

Vera la señal en PAM, además puede variar la frecuencia de la señal y analizar el efecto del muestreo. Por ejemplo duplicar la frecuencia a muestrear.

   (1+cos(10*x)-0.3*cos(30*x)+0.2*cos(50*x))*sin(2*x)

3.4 Enuncie dos técnicas de digitalización de información, que se pueden obtener a partir de PAM. Realice una breve descripción de cada una.

3.5 ¿Cuál es el problema que dificulta la multiplexación de señales en PWM o en PPM?.

3.6   Una banda base analógica, cuyo esquema en frecuencia se muestra a continuación, es digitalizada en PCM con un código binario:

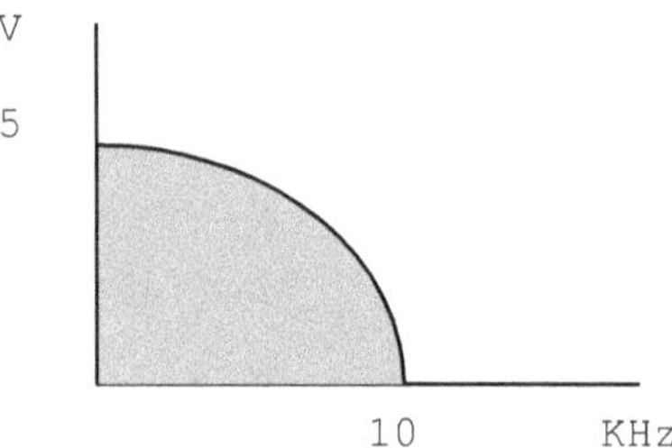

Determinar:

a)   La tasa de Nyquist, para muestrear la señal.
b)   La frecuencia de muestreo para un valor cuatro veces la tasa.
c)   El ancho de banda de la señal en PAM
d)   La velocidad en PCM si se codifica con 7 bits.
e)   El ancho de banda de la señal codificada en PCM

3.7   Una banda base analógica cuyo ancho de banda es de 5 KHz, es muestreada con la tasa mínima y codificada en PCM. La señal ingresa a un canal con coeficiente de roll-off de 0,5.

Determinar:

a)   La velocidad PAM.

b)   Una tabla con las velocidades en PCM y los anchos de banda de la señal con canal ideal y con el roll-off indicado, si se codifica con 4, 5 y 8 bits.

3.8   Ocho canales, limitados en banda a 15 KHz, son multiplexados en el tiempo y codificados en PCM con 4 bits. Sabiendo que el canal tiene un roll-off de 0,1.

Determinar:

a)   Un diagrama en bloques de la generación.

b)   La velocidad de muestreo mínima para cada canal.

c)   La velocidad PAM a la salida del TDM.

d)   La velocidad PCM.

e)   El ancho de banda de la señal multiplexada.

3.9   Para la consigna 3.8, determinar el ancho de banda de la señal multiplexada, si se la modula en:

a)   AM

b)   DSBSC

c)   SSB

3.10   ¿Qué señal transmite la modulación delta y cómo es el receptor?.

Lea detenidamente y resuelva las consignas, no deje nada sin contestar. De ser necesario consulte los contenidos de la unidad 3.

1. ¿Que dice el teorema del muestreo?.

2. ¿De qué forma se pueden obtener muestras de la señal?.

3. Para una señal de 40 KHz.

    Determinar:

    a) La frecuencia de muestreo a la tasa de Nyquist.

    b) Una tabla comparativa de velocidades y ancho de banda que ocuparía la señal muestreada con la tasa, el doble de la tasa y cuatro veces la tasa.

    c) La gráfica de la señal resultante en cada caso.

4. ¿Qué nombre recibe esta técnica de muestreo, donde la información esta en la amplitud de las muestras?.

5. Describa donde queda la información en PWM y PPM.

6. Enuncie que significa PCM.

7. Como se mide la aproximación entre un canal ideal y otro no ideal (como se llama el coeficiente de aproximación).

8. Una banda base analógica cuyo ancho de banda es de 10 KHz, es muestreada con la tasa mínima y codificada en PCM. La señal ingresa a un canal con coeficiente de roll-off de 0,5.

    Determinar:

    a) La velocidad PAM.

    b) Una tabla con las velocidades en PCM y los anchos de banda de la señal con canal ideal y con el roll-off indicado, si se codifica con 4 y 7 bits.

9. Ocho canales, limitados en banda a 20 KHz, son multiplexados en el tiempo y codificados en PCM con 5 bits. Sabiendo que el canal tiene un roll-off de 0,1.

    Determinar:

    a) Un diagrama en bloques de la generación.

    b) La velocidad de muestreo mínima para cada canal.

    c) La velocidad PAM a la salida del TDM.

d) La velocidad PCM.

e) El ancho de banda de la señal multiplexada.

4

Modulación Digital

Objetivos

- Comprender los conceptos básicos de las técnicas de modulación y demodulación por pulsos y digitales.

- Comprender los conceptos básicos de las técnicas multinivel.

- Interpretar el concepto del ancho de banda de señales digitales moduladas en técnicas básicas y multinivel.

- Conocer el concepto de velocidad de señales en bits/seg. y en Baudios.

- **Realizar cálculos simples de velocidades y anchos de banda de señales moduladas en técnicas básicas y multinivel.**

Contenidos

4.1 Análisis espectral de una banda base digital.

4.2 Modulación digital por amplitud (ASK).

4.3 Detección de OOK.

4.4 Modulación FSK.

4.5 Demodulación de FSK.

4.6 Modulación PSK.

4.7 Demodulación de PSK.

4.8 Analizando las técnicas digitales básicas.

4.9 Modulación multinivel 4ASK.

4.10 Demodulación 4ASK.

4.11 Modulación multinivel por fases.

4.1 Análisis espectral de una banda base digital

Las señales digitalizadas multiplexadas o no, son una sucesión de unos y ceros, periódicas o no.

Una señal digital, está constituida por una composición espectral que resulta de la suma de varias frecuencias. Como ya se expresó por la Serie de Fourier una onda cuadrada típica se la puede representar por

$$f(t) = \frac{4}{\pi}\left(Cos\,\omega_0 t - \frac{1}{3}Cos.3.\omega_0 t + \frac{1}{5}Cos.5.\omega_0 t - \frac{1}{7}.Cos.7.\omega_0 t + ... \right) \qquad [4.1.1]$$

Decimos que esta constituida por una composición espectral de cosenos impares, múltiplos de la fundamental. En la fig. 4.1.1, se representa en tiempo y frecuencia la señal.

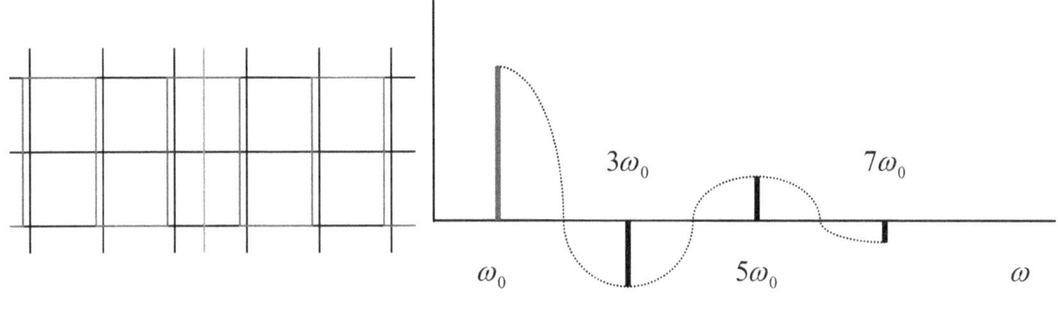

Figura 4.1.1

La composición espectral, es discreta cuando es periódica y es continua cuando no es periódica y sigue la forma de la función $\dfrac{Senx}{x}$.

El caso de una onda no periódica la composición espectral es continua tal como se ve en la fig. 4.1.2.

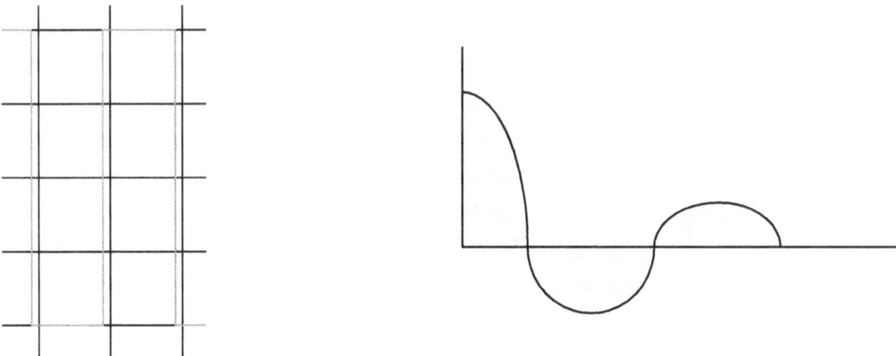

Figura 4.1.2

4.2 Modulación digital por amplitud (ASK)

Con la banda base digital obtenida de los procesos estudiados en le capítulo anterior, se modula a la portadora. Variando la amplitud la frecuencia o la fase, nacen las técnicas ASK, FSK o PSK.

Si se toma la banda base digital y se la multiplica por una portadora cosenoidal, surge la OOK (On Off Keying) clave de encendido y apagado. Esta es la primera técnica de modulación digital por amplitud. Es decir, cuando hay unos tenemos la portadora y cuando hay cero se cancela. Esto es doble banda lateral con portadora suprimida, que se estudio ene l capítulo 1. En la fig. 4.2.1, se presenta el diagrama en bloques de generación

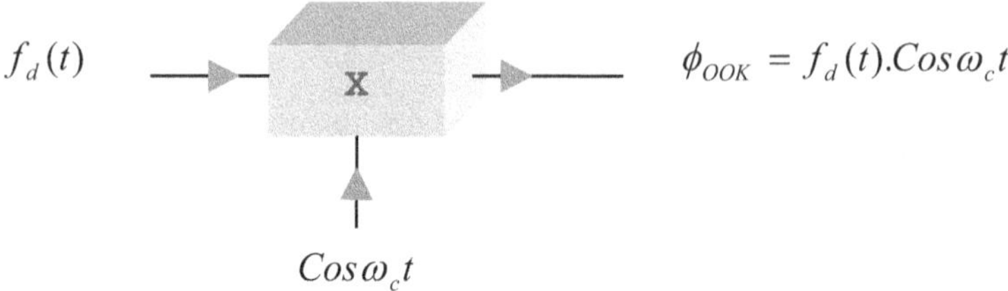

Figura 4.2.1

La función de OOK, resulta de

$$\phi_{OOK} = f_d(t).Cos\,\omega_c t \qquad\qquad [4.2.1]$$

En la fig. 4.2.2, se realiza la representación en tiempo y frecuencia del proceso de modulación, de una señal no periódica.

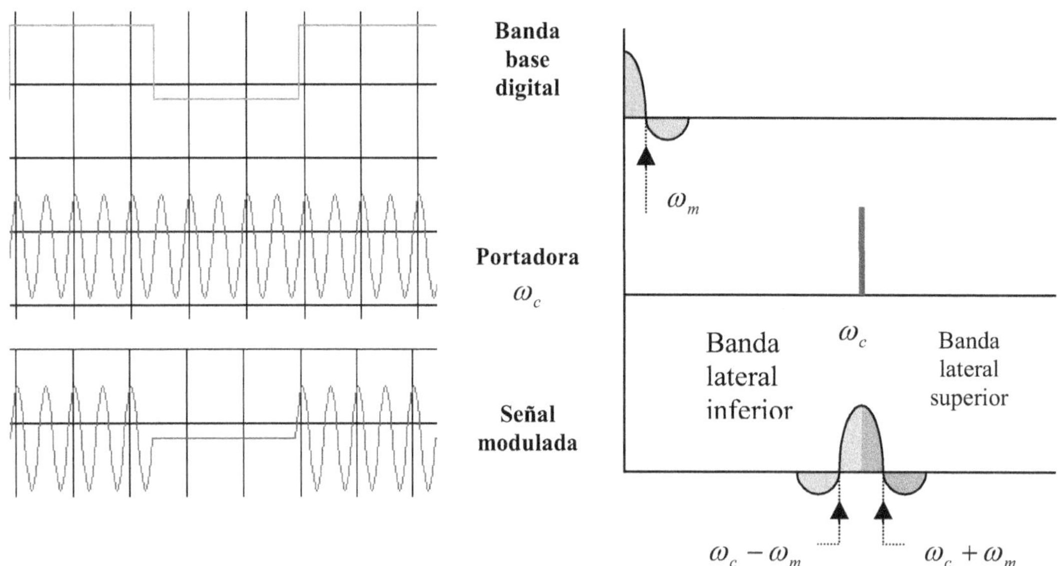

Figura 4.2.2

Se obtiene la doble banda lateral con portadora suprimida y la banda base se repite simétricamente a ambos lados de la portadora.

Podemos representar esta técnica con la ayuda de un vector, cuando hay uno está presente el vector de la portador y cuando hay cero esta ausente, la portadora no tiene cambios de fase de donde el vector estará siempre en la misma línea. Esto se muestra en la fig. 4.2.3.

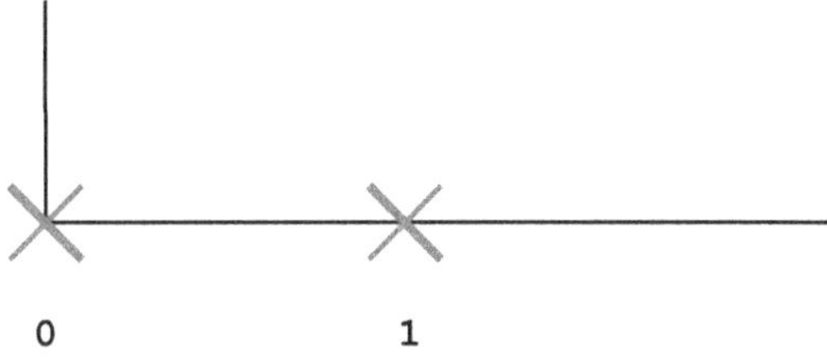

Figura 4.2.3

El ancho de banda de la señal modulada es el doble del ancho de banda base, ya que es una modulación por producto.

Si recordamos la 3.7.1, donde el ancho de banda base de una señal codificada vale:

$$B_{PCM} = \frac{v_{PCM}}{2}(1+\varphi)$$

Podemos ahora calcular el ancho de banda de la señal modulada en OOK, como dos veces el ancho de banda base

$$B_{ook} = 2.B_{PCM} = 2.\frac{v_{PCM}}{2}(1+\varphi) \qquad [4.2.1]$$

Ejemplo 4.2.1

Dada una señal digital con velocidad de $100\frac{Kbits}{seg}$, es modulada en OOK, e ingresada en un canal cuyo roll-off es de 0,4.

Determinar:

a) El ancho de banda base.

b) El ancho de banda de la señal modulada.

Respuestas.

a) El ancho de banda base:

$$B_{PCM} = \frac{v_{PCM}}{2}(1+\varphi) = \frac{100K}{2}(1+0,4) = 70KHz$$

b) El ancho de banda de la señal modulada.

$$B_{ook} = 2.B_{PCM} = 2.\frac{v_{PCM}}{2}(1+\varphi) = 140KHz$$

Resolver las actividades 4.1 y 4.2

4.3 Detección de OOK

Sabemos que las señales generadas por producto, para ser demoduladas necesitan la detección sincrónica, es decir reinyectando la portadora y luego filtrando. En el caso de las señales digitales, la información esta en la existencia o no de la señal y no importa la forma como en el caso de las señales analógicas.

Por ello en este caso, es posible detectar la señal por envuelta aún habiendo sido generada por producto. Tenemos entonces dos posibles detecciones la de envuelta, no coherente o asincrónica y la de reinyección, coherente o sincrónica.

Para EL caso de la detección de envuelta se pasa la señal de OOK por un diodo, un filtro pasa bajos y regenerador de información se obtiene la banda base.

La fig. 4.3.1, presenta el diagrama en bloques de la detección de envuelta y el análisis temporal.

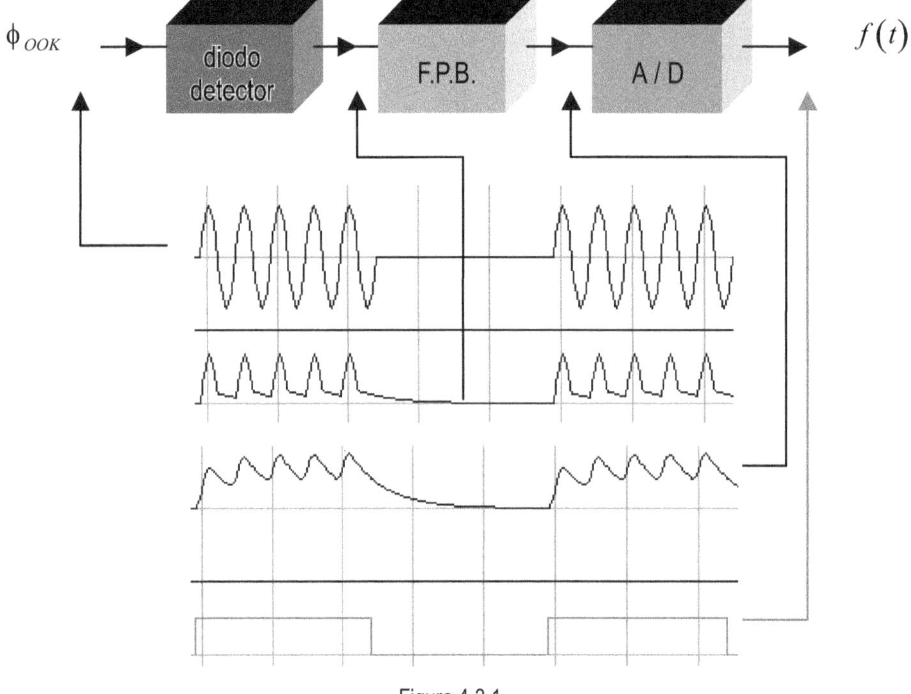

Figura 4.3.1

El regenerador lo que hace es simplemente transformar la señal filtrada en pulsos digitales puros.

La otra forma de detección es la sincrónica, coherente o de reinyección, que implica tomar la señal y multiplicarla nuevamente por la portadora, un filtro pasa bajo y un regenerador obtiene la señal digital original. La fig. 4.3.2, muestra el esquema en bloques del proceso.

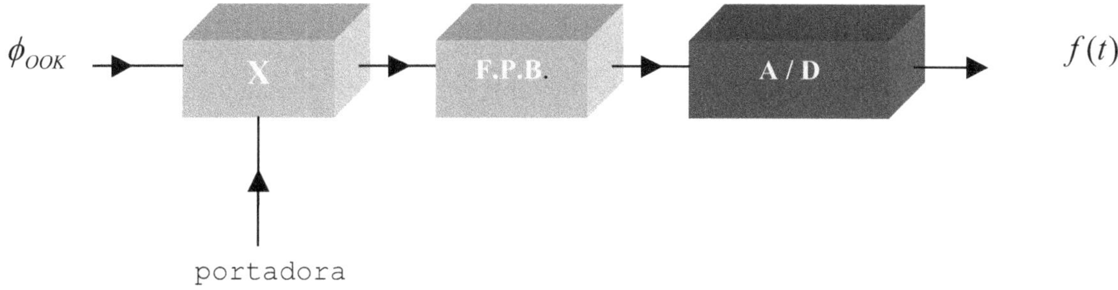

Figura 4.3.2

En el capítulo se analizó la detección de producto o de reinyección para señales de DSBSC (punto 1.13) que cuando se multiplica por al portadora una señal modulada por producto, el resultado es que aparece la banda base y un par de bandas laterales con portadora suprimida en segunda armónica de portadora. Por ello en la fig. 4.3.3, se hace al representación en tiempo y frecuencia del diagrama de la fig. 4.3.2

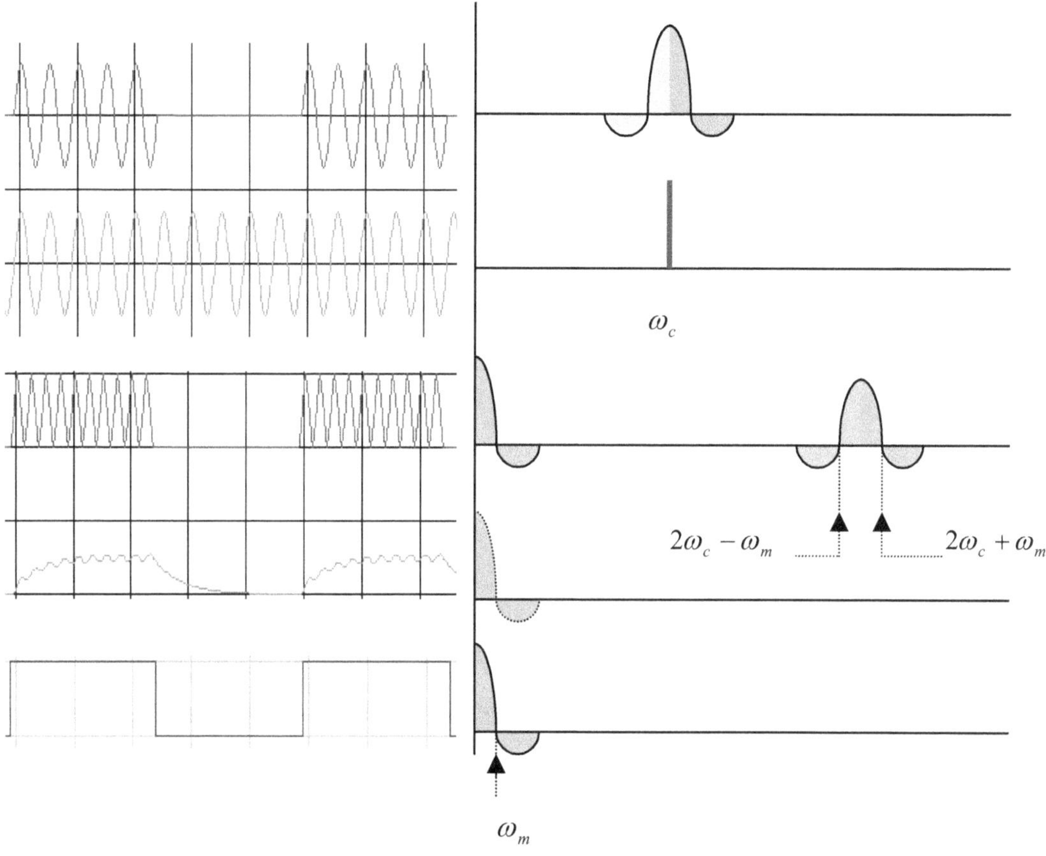

Figura 4.3.2

Resolver actividad 4.3

4.4 Modulación FSK

La FSK (Frecuency Shift Keying), es la modulación digital por frecuencia. Donde los unos son representados por una frecuencia y los ceros por otra.

Una buena manera de interpretar la generación de esta técnica es modelarla como dos moduladores de producto con frecuencias de portadora diferentes. Donde en uno se multiplica con los unos y en el otro se invierte los ceros y se multiplica. En el primer caso saldrá una portadora cada vez que exista un uno. En el otro caso habrá otra portadora, por lo ceros.

En la fig. 4.4.1, se presenta un diagrama en bloques de la técnica. Se toman dos frecuencias diferentes una de valor $\omega_c + \Delta\omega_c$ y la otra $\omega_c - \Delta\omega_c$. Es decir tomaremos los unos con una frecuencia mayor y los ceros con una menor. Pero ambas mantienen una relación de multiplicidad con la de portadora.

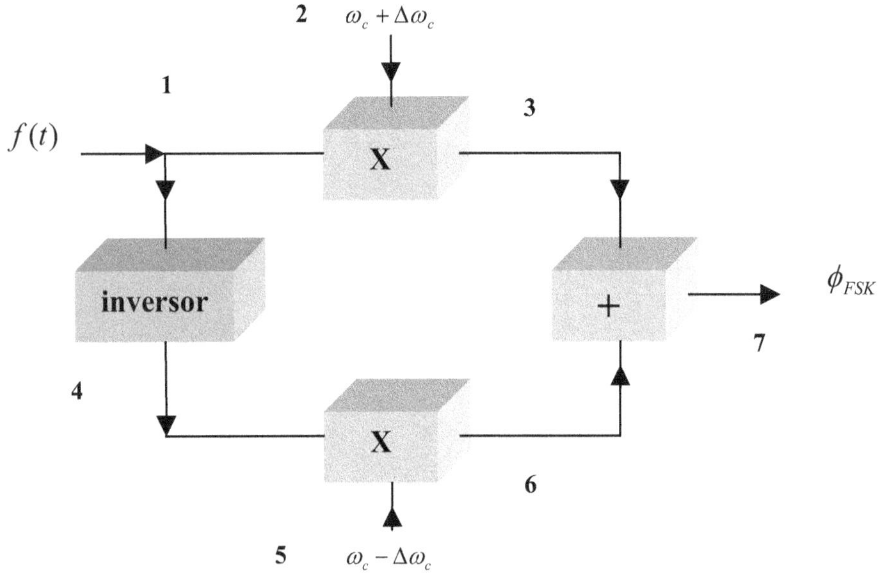

Figura 4.4.1

La importancia del inversor estriba en el hecho de que los ceros se transforman en unos y entonces cuando se multiplican por la portadora de menor frecuencia, aparecerá la misma cada vez que exista un cero. Por ello decimos que se modela FSK, como dos OOK uno por los unos y otro por los ceros.

En la fig. 4.4.2, se realiza una representación temporal en todos los puntos de diagrama propuesto.

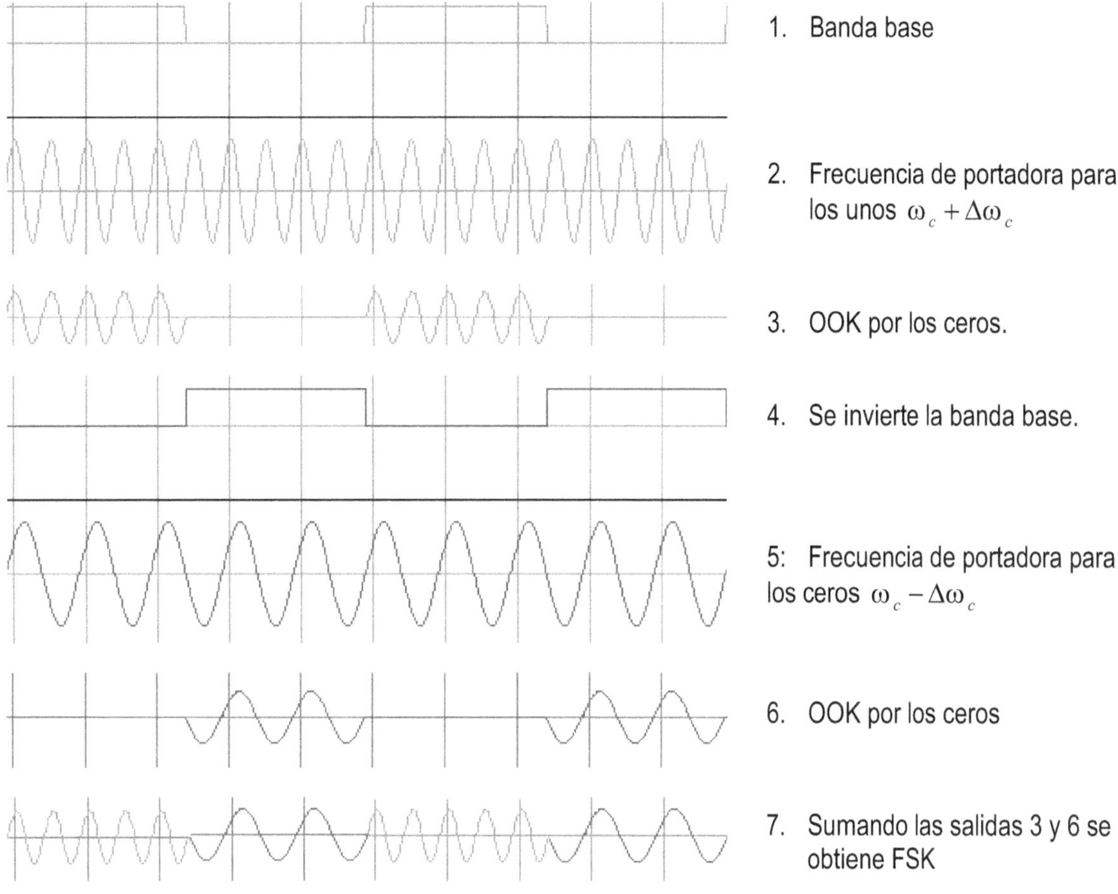

Figura 4.4.2

La señal de FSK, esta formada entonces por dos frecuencias una para los unos otra para los ceros. A continuación se muestra la fig. 4.4.3, con el análisis en frecuencia del proceso.

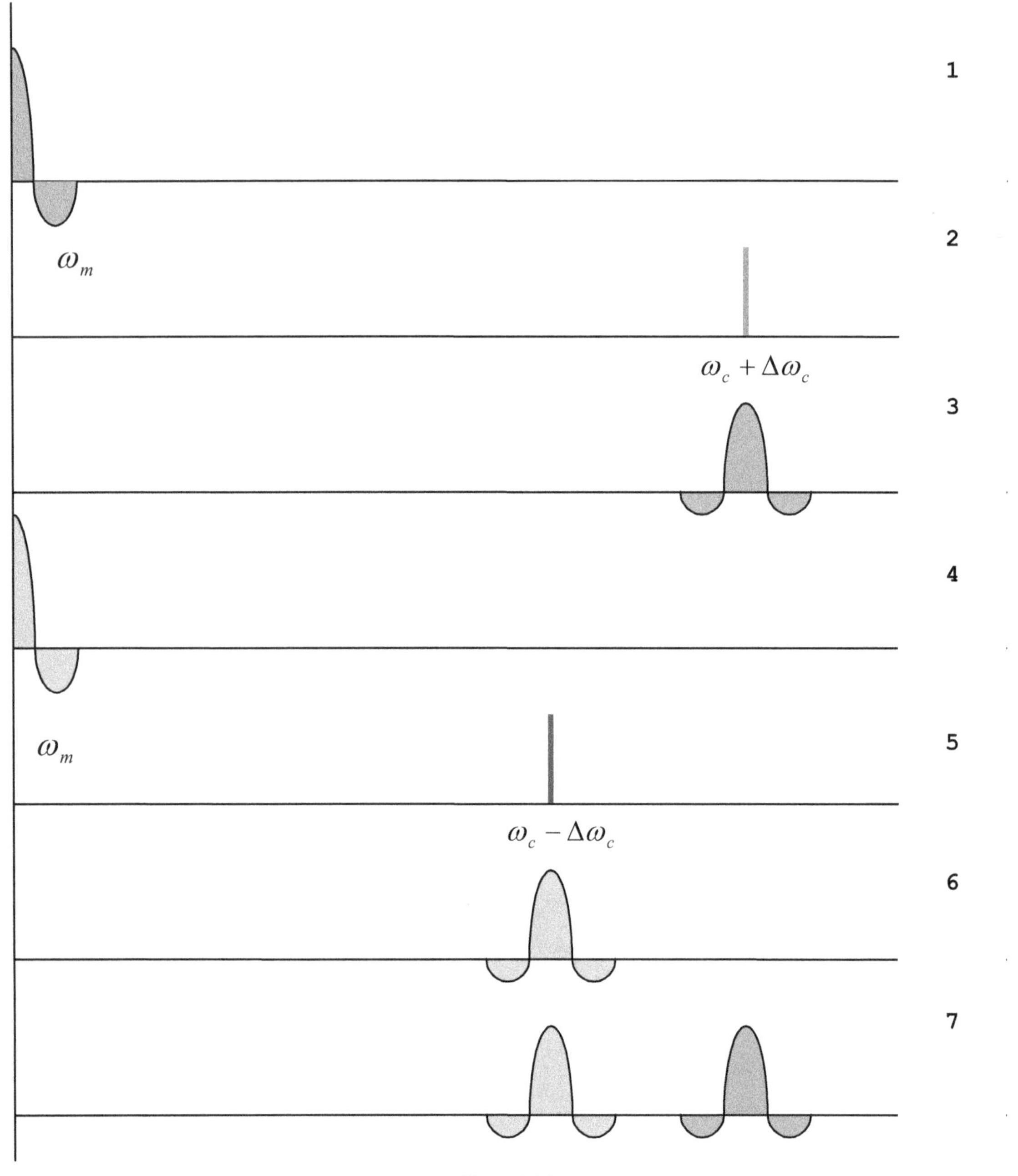

Figura 4.4.3

Para interpretar adecuadamente el ancho de banda de la señal modulada en FSK, se muestra de manera ampliada la representación espectral de la salida en FSK (7), en la fig. 4.4.4

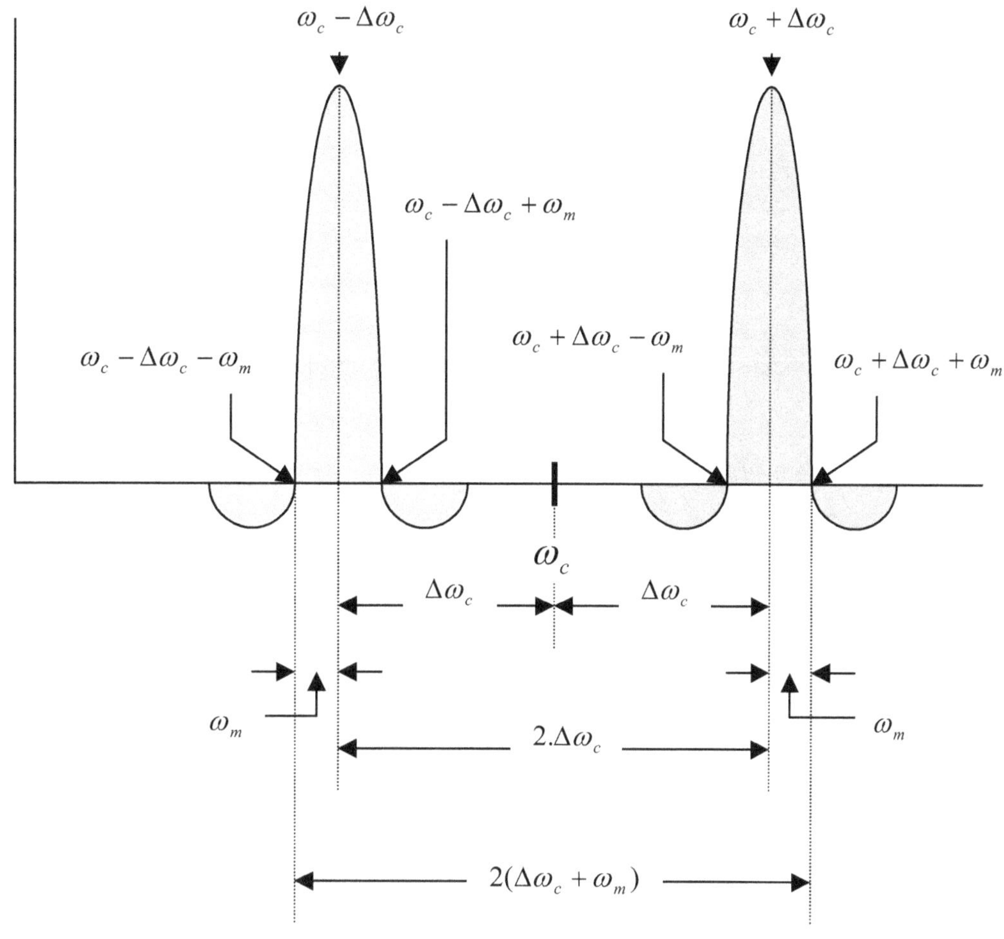

Figura 4.4.4

Se ve claramente que el ancho de banda de la señal en FSK es dos veces la desviación de frecuencia más dos veces el ancho de banda base, tal que expresados en Hz:

$$B_{FSK} = 2(\Delta f_c + f_m) = 2(\Delta f_c + B) \qquad\qquad [4.4.1]$$

Si se saca factor común B, se define el índice de modulación en frecuencia como $m_f = \dfrac{\Delta f_c}{B}$, con lo que la 4.4.1 se puede expresar como:

$$B_{FSK} = 2.B(m_f + 1) \qquad\qquad [4.4.2]$$

Note que son las mismas expresiones de ancho de banda de la señal modulada que para FM, solo cambia el ancho de banda base de la señal digital que ya fue desarrollado en la 3.7.1. Por ello se expresa que FSK, es la versión digital de FM.

Ejemplo 4.4.1

Una señal digital codificada en PCM, cuya velocidad es de $2\dfrac{Kbits}{seg.}$ es modulada en FSK e ingresada en un canal cuyo roll-off es de 0,3. Se utilizan dos portadoras de 100 y 200 KHz.

Determinar:

a) La desviación de frecuencia.
b) La frecuencia de portadora.
c) El ancho de banda base de la señal digital.
d) El índice de modulación en frecuencia.
e) El ancho de banda de la señal modulada en FSK, por dos caminos.
f) La representación en frecuencia de la señal modulada.

Respuestas:

a) La desviación de frecuencia se puede calcular simplemente como la diferencia entre las dos frecuencias dividida dos.

$$\Delta f_c = \frac{f_c + \Delta f_c - (f_c - \Delta f_c)}{2} = \frac{200 - 100}{2} = 50 KHz$$

b) La frecuencia de portadora se puede calcular a partir de cualquiera de las dos frecuencias de transmisión ya que

Por la mayor

$$f_c = f_c + \Delta f_c - \Delta f_c = 200 KHz - 50 KHz = 150 KHz$$

Por la menor

$$f_c = f_c - \Delta f_c + \Delta f_c = 100 KHz + 50 KHz = 150 KHz$$

Se verifica el mismo valor por los dos caminos posibles.

c) El ancho de banda base de la señal digital

$$B_{PCM} = \frac{v_{PCM}}{2}(1 + \varphi) = \frac{2K}{2}(1 + 0,3) = 1,3 KHz$$

d) El índice de modulación en frecuencia.

$$m_f = \frac{\Delta f_c}{B} = \frac{50 KHz}{1,3 KHz} = 38,462$$

e) El ancho de banda en FSK, utilizando la desviación y el ancho de banda base será:

$$B_{FSK} = 2(\Delta f_c + B) = 2(50 KHz + 1,3 KHz) = 102,6 KHz$$

Utilizando el índice y el ancho de banda base:

$$B_{FSK} = 2.B(m_f + 1) = 2.1,3 KHz(38,462 + 1) = 102,6 KHz$$

f) La representación en frecuencia de la señal modulada en FSK.

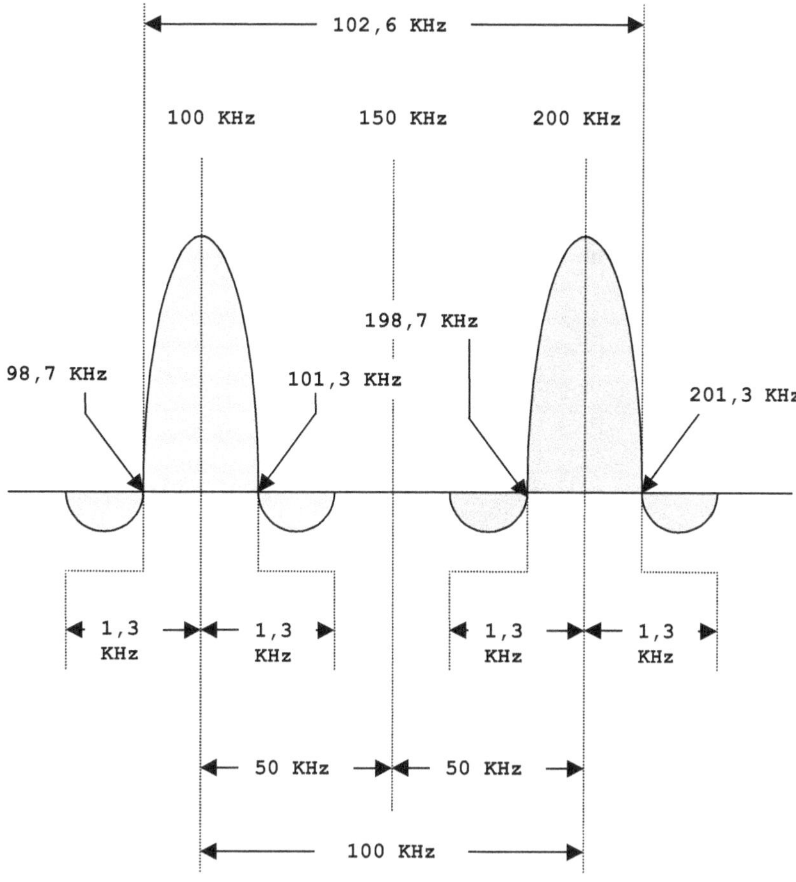

Resolver actividad 4.4

4.5 Demodulación de FSK

En el modelo de generación de FSK, se la muestra como dos OOK uno para los unos y otro para los ceros. Entonces la detección de FSK, podrá ser por envuelta o sincrónica, es decir de la misma manera que se detecta OOK. En la fig. 4.5.1, se muestra el esquema en bloques para la detección de envuelta de FSK.

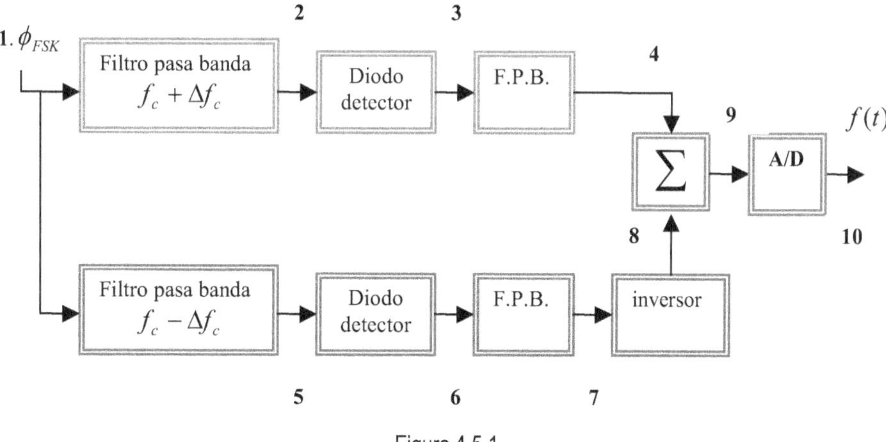

Figura 4.5.1

Los filtros seleccionan la frecuencia de los unos o la de los ceros y a partir de ese momento quedan las señales de OOK.

El detector de envuelta realiza el proceso para cada rama y con la ayuda de los filtros pasa bajos se aparece la señal. La segunda rama necesita invertir la señal para que queden los unos en su posición original.

Luego de la suma el conversor A/D, regenera la señal original. De hecho que con sola una rama ya se recupera la función original, sin embargo obtenerla por las dos ramas, implica tener mayor amplitud en la señal recuperada lo que implica un buen rechazo al ruido.

En la fig. 4.5.2, se realiza la representación temporal en todos los puntos del diagrama de bloque de la detección de envuelta.

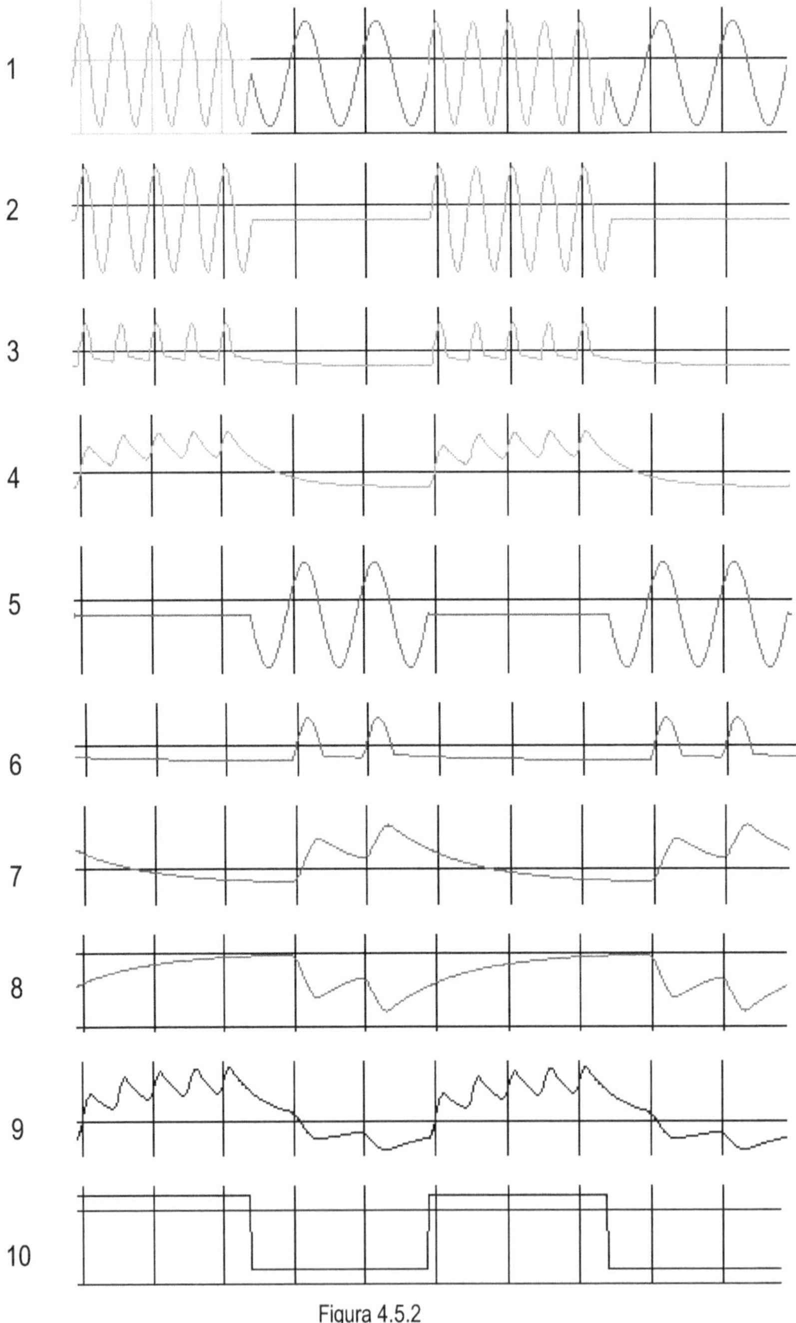

Figura 4.5.2

La detección sincrónica o de reinyección de portadora, reemplaza el detector de envuelta por un detector de producto.

Seleccionadas la frecuencia máxima y la mínima, es decir obtenida los OOK, correspondientes se vuelve a multiplicar por las portadoras, se filtran, se invierte la segunda rama y se suman, por último se regenera y se obtiene la señal original.

En la fig. 4.5.3 se muestra el esquema de bloques de la detección sincrónica de FSK.

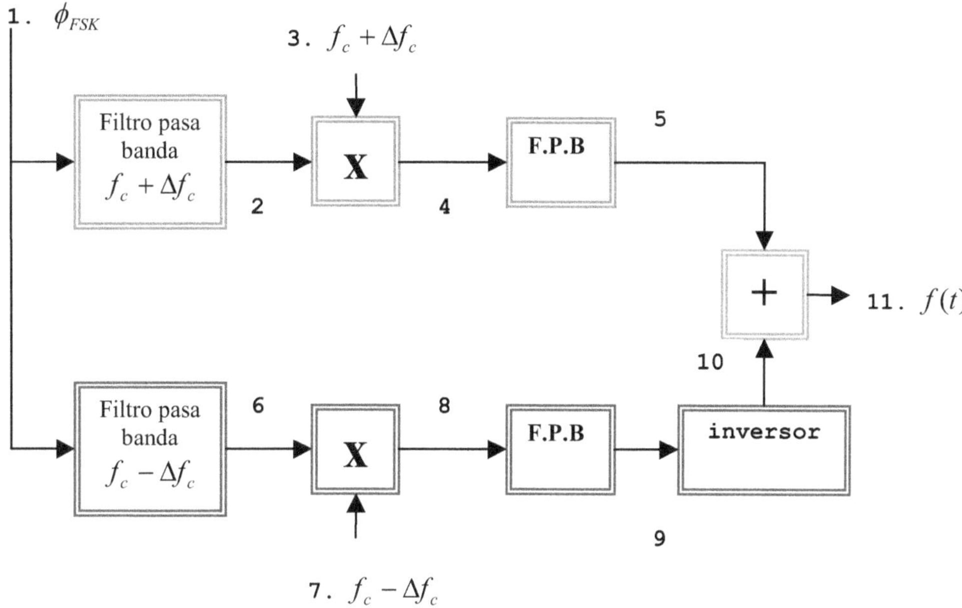

Figura 4.5.3

En la fig. 4.5.4, se presenta el análisis temporal en todos los puntos del diagrama propuesto para la detección sincrónica de FSK.

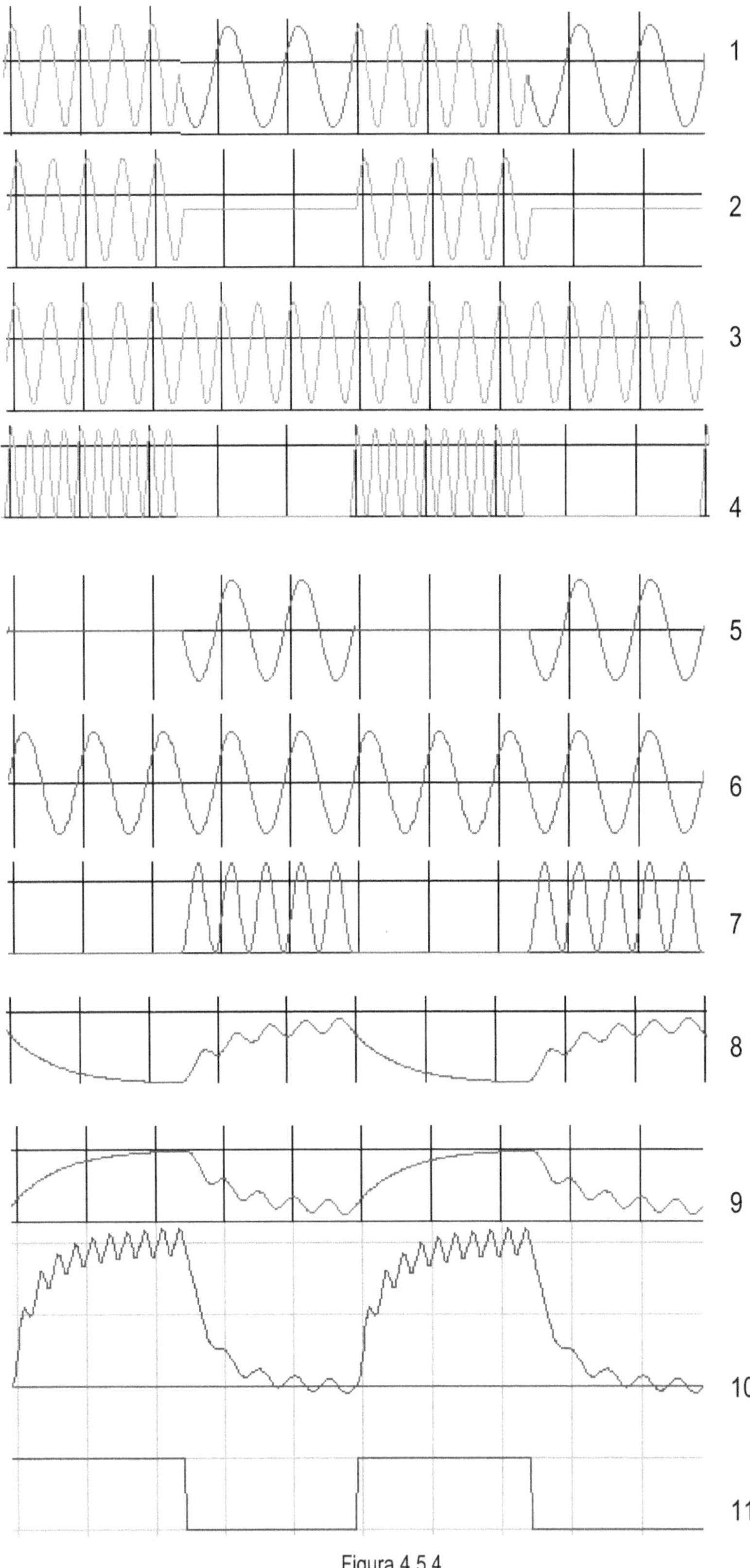

Figura 4.5.4

4.6 Modulación PSK

En esta técnica la información queda almacenada en el cambio de fase de la portadora. Los unos aparecen con una fase y los ceros con otra. La forma de generación es con un modulador de producto, al cual ingresa la banda base digital codificada con tensión positiva para los unos y negativa para los ceros. Esta codificación se la denomina bipolar. El diagrama en bloques se ve en la fig. 4.6.1.

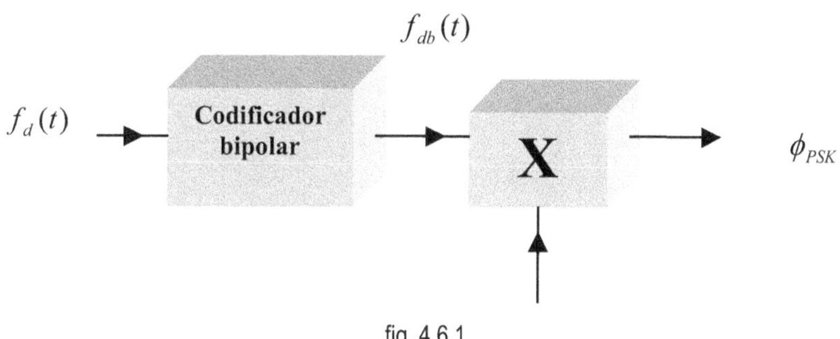

fig. 4.6.1

La función de PSK, resulta de la multiplicación de la banda base digital codificad bipolar por la portadora.

$$\phi_{PSK} = f_{db}(t).Cos\omega_c t \qquad\qquad [4.6.1]$$

La representación temporal se ve en la fig. 4.6.2

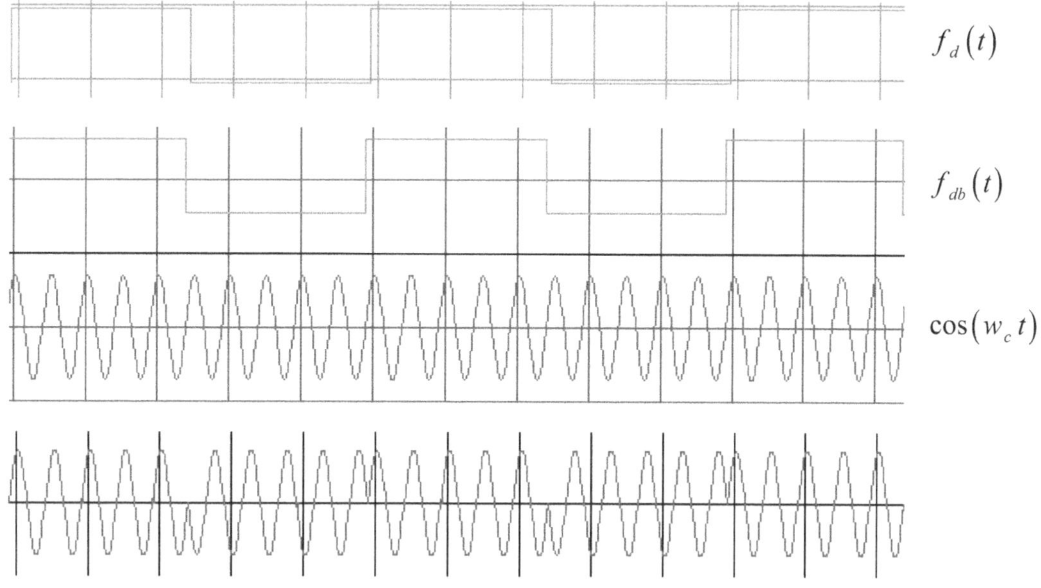

Figura 4.6.2

La función de PSK, se genera por producto y desde el punto de vista del ancho de banda este es el mismo que OOK, es decir dos veces el ancho de banda base digital. De manera genérica utilizaremos B_d, como el ancho de banda base de cualquier señal digital sea en PCM, en delta, etc. y como v_d, como la velocidad de cualquier señal digital.

$$B_{PSK} = 2.B_d = 2.\frac{v_d}{2}(1+\varphi) \qquad\qquad [4.6.2]$$

La representación vectorial es simplemente un vector de amplitud constante y fase variable, tal como es ve en la fig. 4.6.3

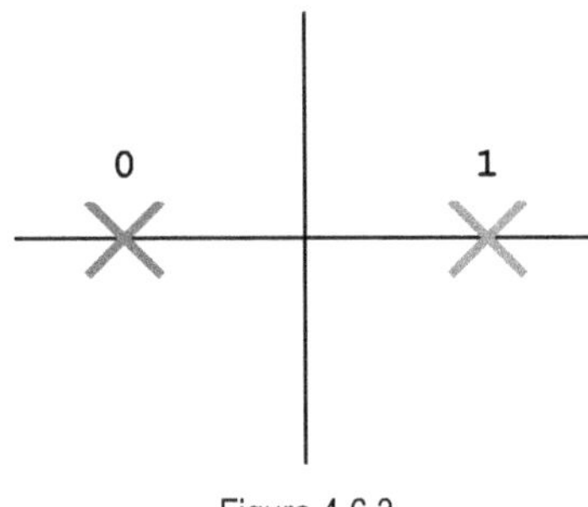

Figura 4.6.3

Resolver actividad 4.5

Ejemplo 4.6.1

Una señal digital cuya velocidad es de $400\dfrac{Kbits}{seg}$, es codificada de manera bipolar y modulada en PSK, con fase 0° para los unos y 180° para los ceros, la señal se la aplica a un canal cuyo roll-off es de 0,25.

Determinar:

   a) El ancho de banda de la señal digital.
   b) El ancho de banda de la señal modulada en PSK.
   c) Una representación vectorial de la señal.

Respuestas

   a) El ancho de banda base de la señal digital

$$B_d = \frac{v_d}{2}(1+\varphi) = \frac{400K}{2}(1+0,25) = 250 KHz$$

   b) El ancho de la señal modulada en PSK, es el doble de la banda base.

$$B_{PSK} = 2.B_d = 2.\frac{v_d}{2}(1+\varphi) = 2.250K = 500 KHz$$

   c) La representación vectorial será:

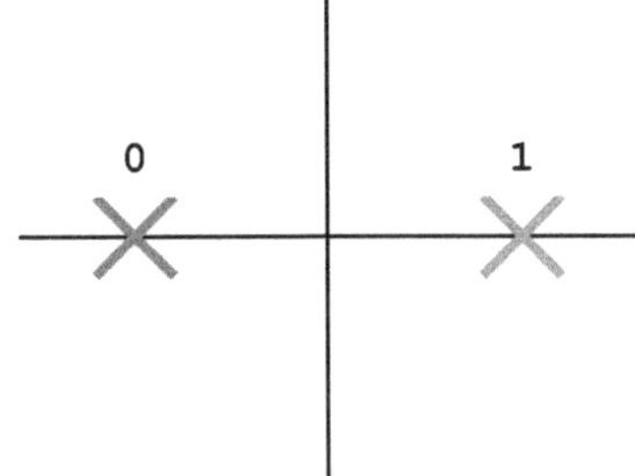

Resolver actividad 4.6

4.7 Demodulación de PSK

La demodulación de una señal de PSK, no puede ser hecha por envuelta ya que al pasar la señal por un diodo y un filtro aparecerá una continua.

Para lo cual será necesario realizar una detección por reinyección de portadora. El diagrama en bloques se ve en la fig. 4.7.1

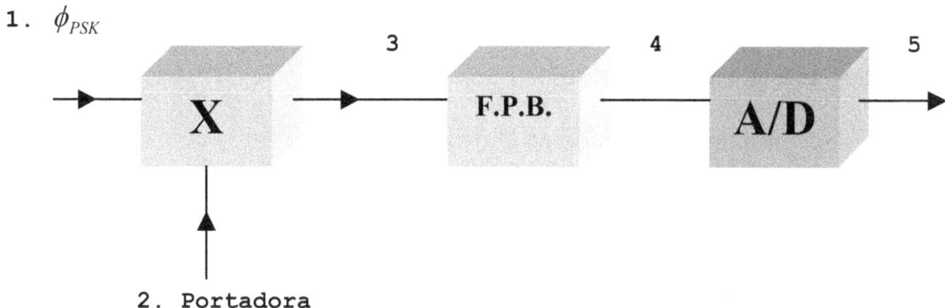

Figura 4.7.1

El análisis temporal en todos los puntos del diagrama se ve en la fig. 4.7.2

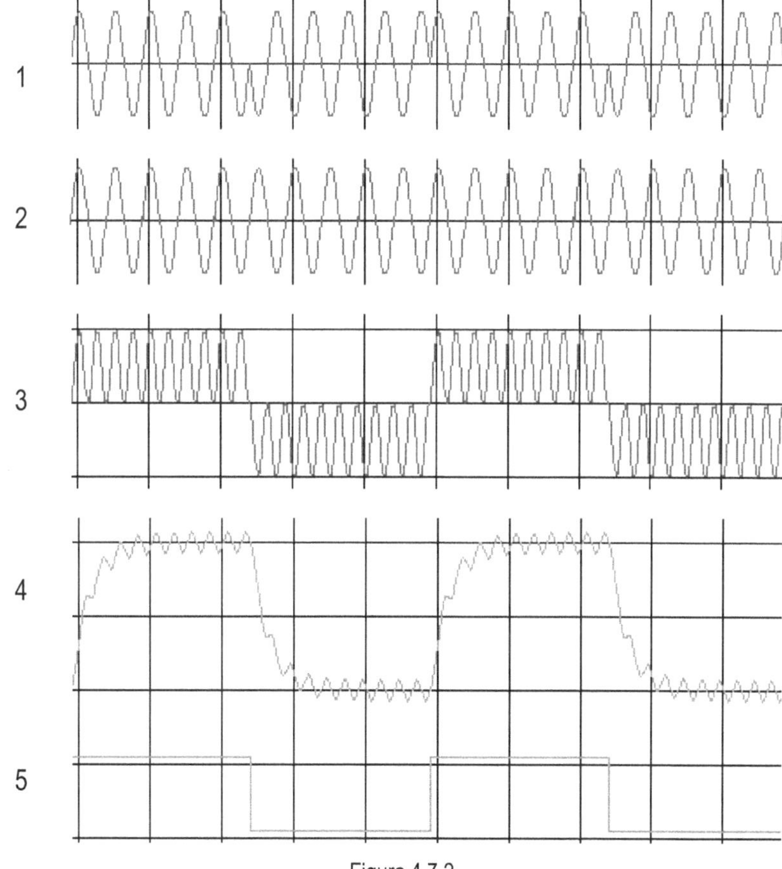

Figura 4.7.2

4.8 Analizando las técnicas digitales básicas

Para FSK, podemos expresar que es la técnica que más ancho de banda utiliza, tiene un buen comportamiento frente al ruido que se le suma a la señal en canal. Sin embargo no se la prefiere ya que su ancho de nada es muy grande.

Para OOK (ASK básico) y PSK, los anchos de banda son los mismos, sin embargo se prefiere PSK, ya que es mucho más inmune al ruido que cualquier técnica ya que la información esta en los cambios de fase y el ruido que se suma en el canal la afecta poco.

El orden de calidad para las técnicas es como sigue:

       1°   PSK: excelente inmunidad al ruido en el canal.
       2°   FSK: buena inmunidad, no mejor que PSK y con gran ancho de banda.
       3°   OOK: pobre inmunidad al ruido, ancho de banda igual a PSK.

Por ello se prefiere la utilización de PSK, sin embargo no ¿será posible achicar el ancho de banda de la señal modulada?.

En las técnicas digitales existe esta posibilidad de achicar el ancho de banda de la señal modulada, con el uso de las técnicas multinivel.

Estas técnicas achican el ancho de banda que ocupa la señal modulada para transmitirla en el canal, puede ocurrir que el ancho de banda que ocupen puede ser menor al de la banda base. Pero luego cuando se la demodula el ancho de banda base vuelve a ser el mismo.

En principio estas técnicas lo que hacen es agrupar una cantidad de bits y transmitirlos como un nivel de tensión ya sea varias amplitudes de portadora o en varios cambios de fase de la portadora.

Esta agrupación de bits crea nuevas palabras de modulación que se las denomina Baudios. A continuación estudiaremos con detenimiento las principales técnicas multinivel.

4.9 Modulación multinivel 4ASK

Comenzamos por tener una secuencia binaria de dos bits seriada 00011011 en un segundo de tiempo y agrupamos dos bits y los representamos por un nivel de tensión.

Esa señal de cuatro niveles es ingresada a un modulador de producto y lo multiplicamos por una portadora. La señal resultante, tiene ahora cuatro niveles de portadora y lo llamaremos 4ASK.

La fig. 4.9.1, presenta el esquema en bloques.

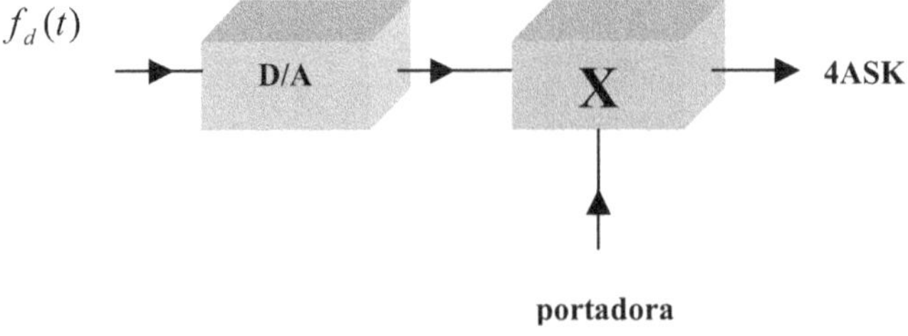

Figura 4.9.1

La representación temporal, se realiza en la fig. 4.9.2

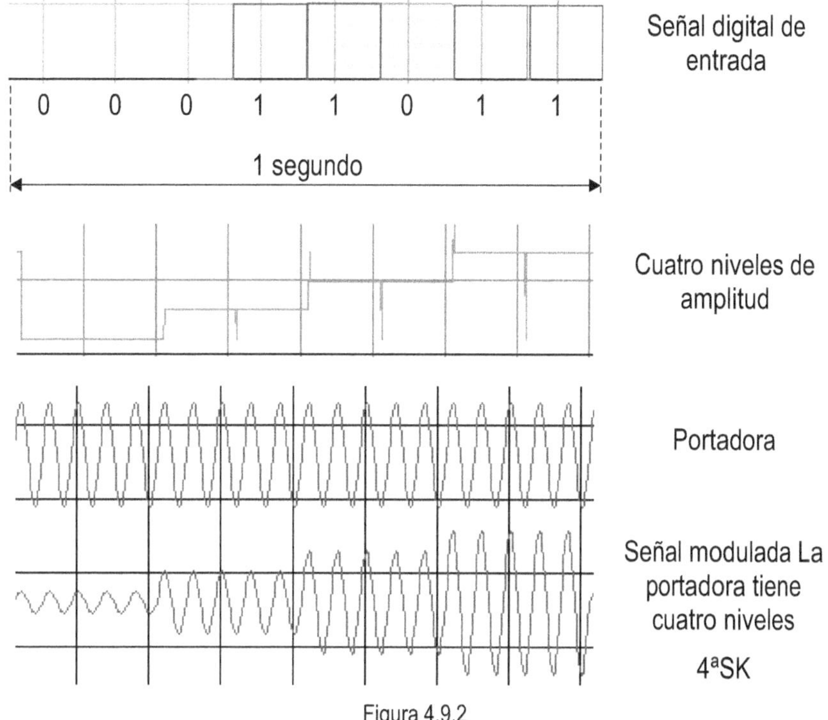

Figura 4.9.2

Si analizamos la velocidad de la señal es de 8 bits / seg. y para la salida del conversor son cuatro niveles en el mismo tiempo de 1 segundo.

Si calculamos el ancho de banda base de la señal digital y suponiendo que el sistema es ideal, lo que implica roll-off cero entonces.

$$B_d = \frac{v_d}{2}(1+\varphi) = \frac{8}{2}(1+0) = 4Hz \qquad [4.9.1]$$

Si esto se lo modula en una técnica básica, sea ASK o PSK el ancho de banda de la señal modulada, sería el doble, es decir, 8 Hz.

Ahora si analizamos la señal que entra al modulador, luego del conversor D/A, tiene una velocidad de cuatro niveles en un segundo, puesto que cada dos bits se representa un nivel de tensión.

Esta señal es la que se modula y si analizamos el ancho de banda de esta nueva señal, como la mitad de su velocidad, podemos decir que es de 2 Hz. Entonces si calculamos el ancho de banda de la señal modulada en 4ASK, se ve que al ser el doble este valor es de 4 Hz.

Es muy notable que disminuyó el ancho de banda de la señal modulada.

¿Porque ocurre esto?. Es simple al agrupar bits en niveles disminuye la velocidad de la señal y disminuye el ancho de banda de la señal modulada.

Si se agruparan de tres bits el ancho de banda disminuirá en tres veces y se transmitirían ocho niveles diferentes de amplitud, si se agrupan de cuatro bits, el ancho de banda de la señal modulada disminuirá cuatro veces y serán dieciséis los niveles que se transmitirán.

De tal manera que mientras más niveles se puedan transmitir menor será el ancho de banda de la señal modulada.

Se ve que entre los niveles a transmitir en función de la agrupación de bits se relacionan con potencias de 2. Por ejemplo si agrupo dos bits transmito $2^2 = 4$ niveles, si agrupo de tres transmito $2^3 = 8$ niveles. Es decir 2^m niveles, donde m es la cantidad de bits que se agrupan.

De donde decimos que los N niveles se expresan como:

$$N = 2^m$$

[4.9.2]

Con el mismo criterio si tenemos los niveles los bits se calculan como el logaritmo en base dos de la cantidad de niveles.

$$m = \log_2 N$$

[4.9.3]

Entonces se podrá expresar el ancho de banda de la señal en N niveles de ASK como:

$$B_{NASK} = \frac{2\frac{v_d}{2}(1+\varphi)}{\log_2 N}$$

[4.9.4]

Mientras más niveles se transmitan más se achica el ancho de banda de la señal modulada.

Esta agrupación de bits en nuevas palabras de modulación define una nueva velocidad denominada Baudios, tal que:

$$Baudios = \frac{v_d}{\log_2 N}$$

[4.9.5]

Podemos expresar la 4.9.1, como:

$$B_{NASK} = Baudios(1+\varphi)$$

[4.9.6]

Podemos representar vectorialmente esta técnica como cuatro amplitudes de un vector con fase constante, tal como se ve en la fig. 4.9.3

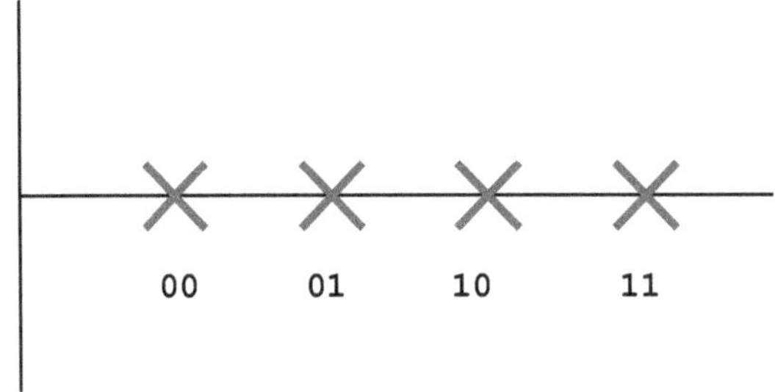

Figura 4.9.3

Ejemplo 4.9.1

Una señal digital multiplexada, tiene una velocidad de $800\frac{Kbits}{seg}$, es modulada en 4ASK en un canal de roll-off 0,25.

Determinar:

a) El ancho de banda base de la señal digital.
b) La cantidad de bits que se agrupan.
c) La velocidad en Baudios.
d) El ancho de banda de la señal modulada en 4ASK.
e) La representación vectorial de la señal modulada.

Respuestas:

a) El ancho de banda base de la señal digital.

$$B_d = \frac{v_d}{2}(1+\varphi) = \frac{500K}{2}(1+0,25) = 312,5KHz$$

b) La cantidad de bits que se agrupan, se calcula utilizando 4.9.3

$$m = \log_2 N = \log_2 4 = 2$$

c) La velocidad en Baudios, utilizando la 4.9.5:

$$Baudios = \frac{v_d}{\log_2 N} = \frac{500}{2}\frac{Kbits}{seg} = 250KBaudios$$

d) El ancho de banda de la señal modulada en 4ASK.

$$B_{4ASK} = \frac{2\frac{v_d}{2}(1+\varphi)}{\log_2 4} = \frac{500K(1+0,25)}{2} = 312,5KHz$$

Se ve que el ancho de banda en 4ASK, es igual al ancho de banda base.

e) La representación vectorial es la vista en la fig. 4.9.3

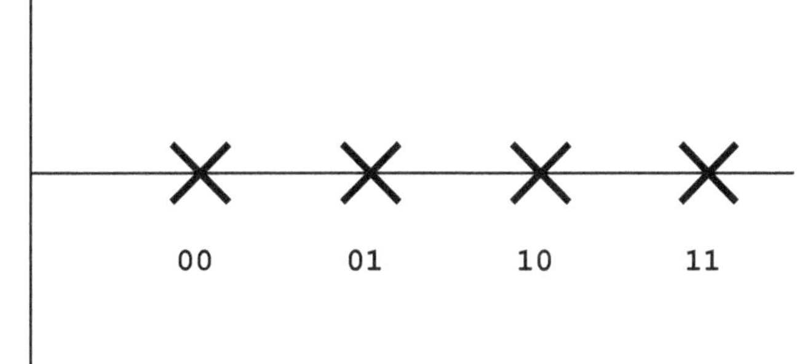

Resolver actividad 4.7

4.10 Demodulación 4ASK

Para la demodulación de la señal 4ASK, se reinyecta portadora, luego del filtro pasa bajo, se la pasa por un conversor A/D que entrega los pulsos binarios originales. La fig. 4.10.1, muestra el proceso.

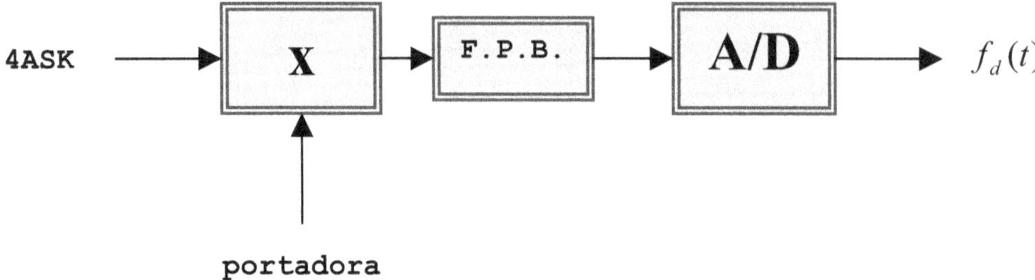

Figura 4.10.1

El análisis temporal, se muestra en la fig. 4.10.2

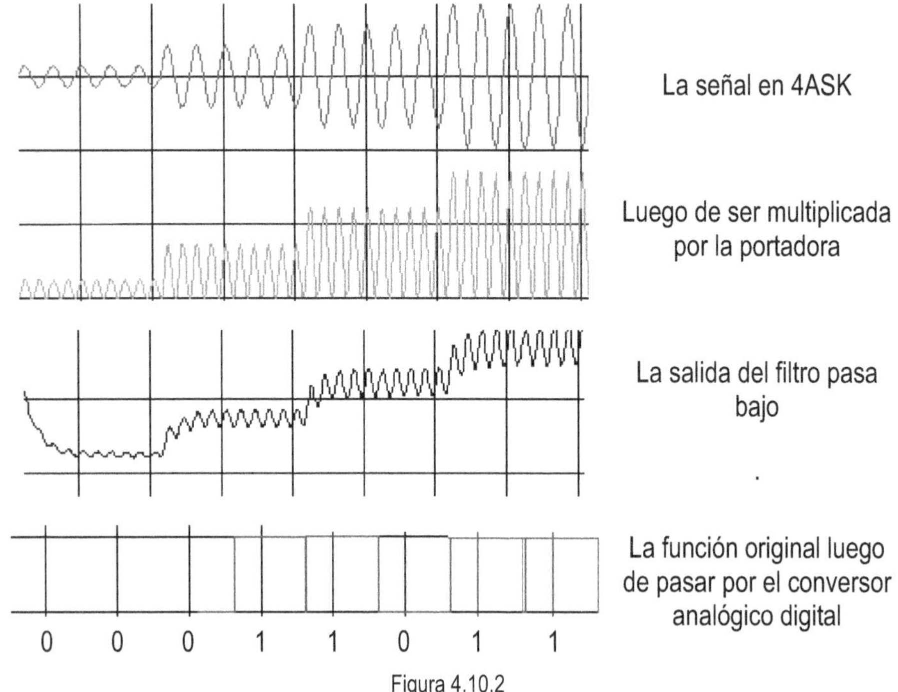

Figura 4.10.2

4.11 Modulación multinivel por fases

Las técnicas multinivel, achican el ancho de banda en función de agrupar bits en palabras de modulación.

En el caso de NASK, el límite es de cuatro niveles, puesto que si se transmiten más niveles, estos pueden confundirse entre si al sumarse el ruido en el canal de comunicaciones. Por ello el límite es de cuatro niveles de amplitud, es decir 4ASK.

Como se trata de achicar el ancho de banda, se continúa con el concepto de agrupar bits, pero como no se puede continuar con el concepto de amplitudes, se agrupan los bits y se representan con cambios de fase de la portadora. Surgen entonces las técnicas multinivel por fase, 4PSK, 8PSK y 16PSK.

La técnica 4 PSK, agrupa dos bits y representa los cuatro niveles con cuatro fases diferentes de portadora. Cada grupo de bits será transmitido con una de cuatro fases diferentes.

El esquema en bloque se representa solo como un bloque, en la fig. 4.11.1, con el modulador que incluye la agrupación de los bits en cuatro fases diferentes.

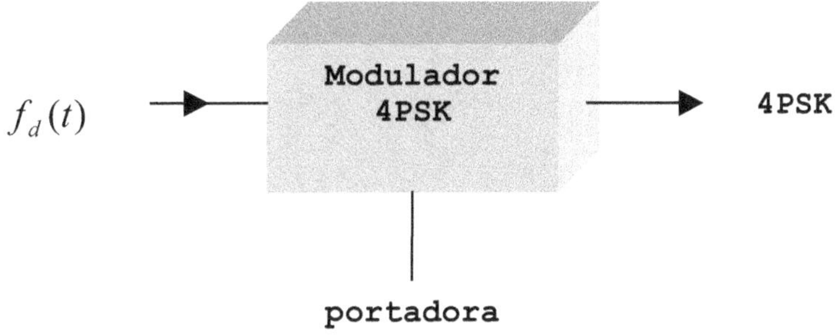

Figura 4.11.1

Vamos a representar la asignación de fases para una agrupación de dos bits, es decir cuatro niveles, 00, 01, 10 y 11, en la fig. 4.11.2

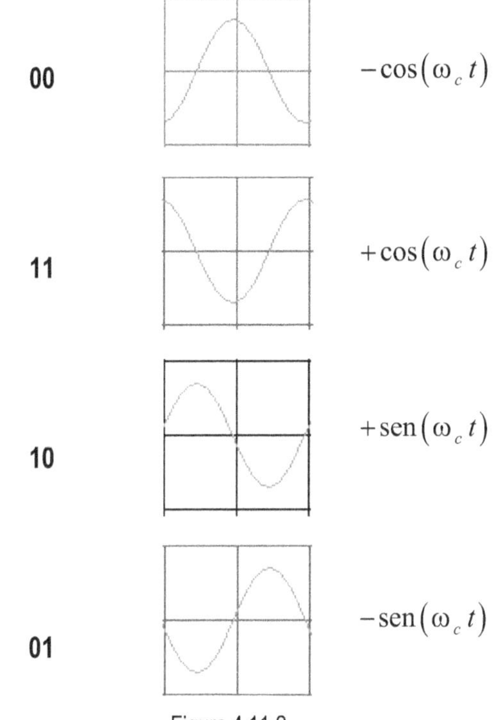

Figura 4.11.2

Para una secuencia 11, 00, 10 y 01, la portadora modulada se ve en la fig. 4.11.3

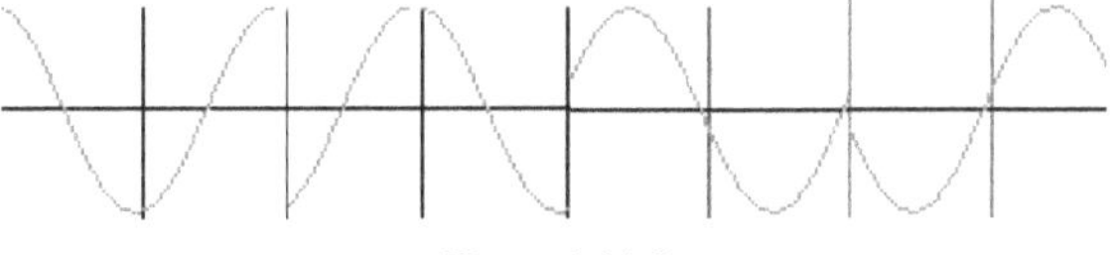

Figura 4.11.3

La portadora mantiene siempre la misma amplitud pero hay cuatro cambios de fase, la representación vectorial se muestra en la fig. 4.11.4. En el eje horizontal, que llamaremos I, representaremos los cosenos y el vertical, que llamaremos Q, representaremos los senos.

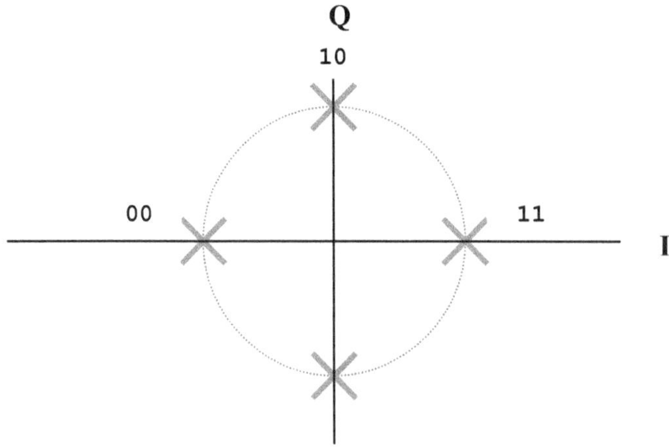

Figura 4.11.4

Entonces es claro que el ancho de banda diminuirá en dos veces en este caso y de acuerdo a la cantidad de bits que se agrupan la expresión 4.9.4, se puede expresar como

$$B_{NPSK} = \frac{2 \dfrac{v_d}{2}(1+\varphi)}{\log_2 N} \qquad [4.11.1]$$

También se puede jugar con otras cuatro fases corriendo 45° el diagrama de la fig. 4.11.4 y se puede ver en la fig. 4.11.5, las fases y la representación temporal.

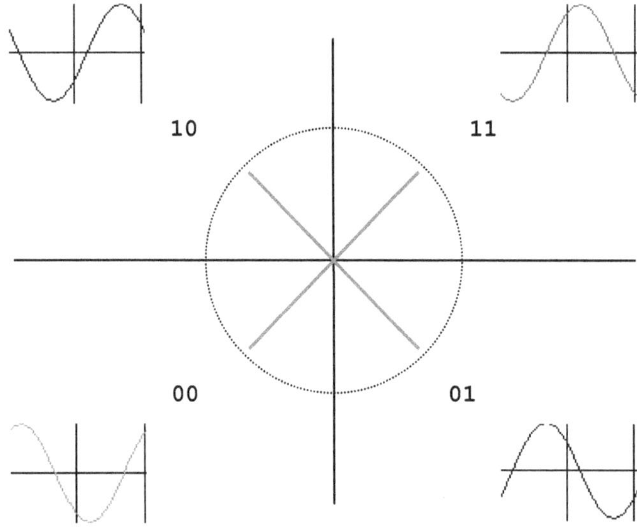

Figura 4.11.2

Para una secuencia 00, 11, 10 y 01, la señal modulada se ve en la fig. 4.11.3

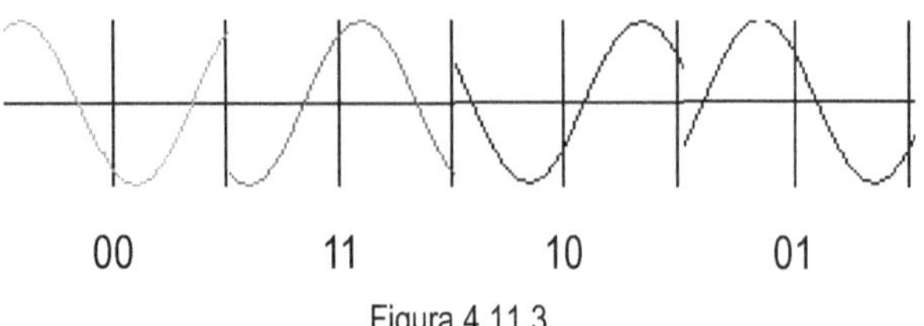

Figura 4.11.3

Son cuatro fases diferentes con la misma amplitud de portadora, en esta técnica se pueden transmitir hasta 16 PSK, es decir 16 fases diferentes que resultan de la agrupación de cuatro bits, disminuyendo el ancho de banda de la señal modulada en cuatro veces.

Es conveniente aclarar que a efectos de simplificar la representación de las fases, cada grupo de bits está representado por un solo ciclo de portadora, en la práctica entran muchos dependiendo de la frecuencia de la portadora de transmisión...

4.12 Demodulación de 4PSK

La detección será del tipo sincrónica, es decir reinyectando la portadora, luego de un complejo proceso de recuperación de la misma en el receptor.

Tomadas las fases se convertirán de manera inversa a la agrupación de bits correspondientes.

4.13 Diagrama de fases para 8PSK

A efectos de completar los esquemas podemos expresar que si se agrupan tres bits, se transmitirán 8 posibles fases, siguiendo la tabla que se presenta a continuación en la fig. 4.13.1

			fases
0	0	0	22,5°
0	0	1	67,5
0	1	0	112,5°
0	1	1	157,5°
1	0	0	202,5°
1	0	1	247,5°
1	1	0	292,5°
1	1	1	337,5°

Figura 4.13.1

La representación vectorial se muestra en la fig. 4.13.2

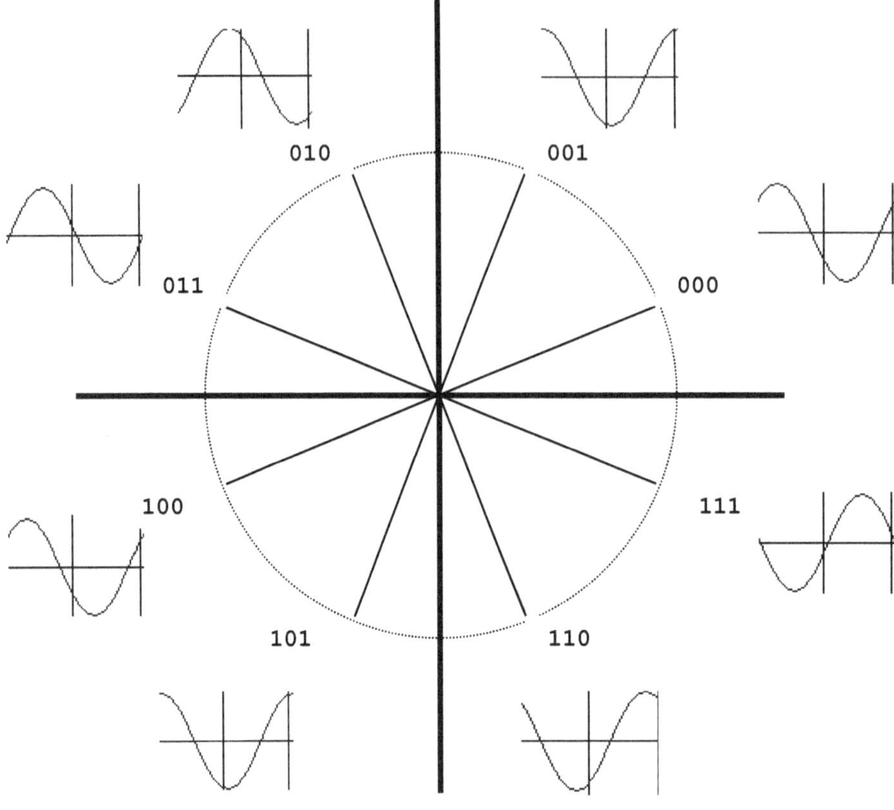

Figura 4.13.2

Una secuencia completa se muestra en la fig. 4.13.3, donde la amplitud de la portadora es siempre la misma y son ocho las posibles fases a transmitir. Se presenta la secuencia ordenada de la tabla.

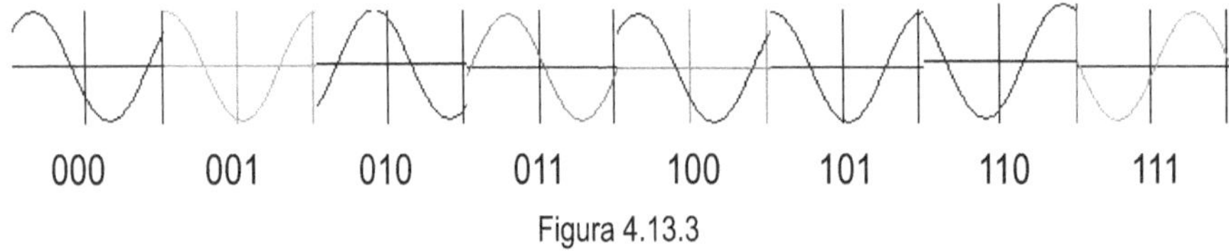

Figura 4.13.3

Para estas técnicas multinivel NPSK, el límite es de 16 PSK, es decir achicar el ancho de banda de la señal modulada en cuatro veces, con una portadora de amplitud constante y dieciséis fases diferentes.

Ejemplo 4.13.1

Una señal digital multiplexada cuya velocidad es de $2\dfrac{Mbits}{seg}$, se la modula con una técnica multinivel e ingresa a un canal cuyo roll-off es de 0,12.

Determinar:

a) El ancho de banda base de la señal digital.

b) El ancho de banda de la señal si es modulada en 4PSK.

c) La velocidad en Baudios para la consigna anterior.

d) El ancho de banda de la señal si es modulada en 8PSK.

e) La velocidad en Baudios para la consigna anterior.

f) El ancho de banda de la señal si es modulada en 16PSK.

g) La velocidad en Baudios para la consigna anterior.

Respuestas

a) El ancho de banda base de la señal digital

$$B_d = \frac{v_d}{2}(1+\varphi) = \frac{2M}{2}(1+0,12) = 1,12\,MHz$$

b) El ancho de banda de la señal modulada en 4PSK

$$B_{4PSK} = \frac{2\dfrac{v_d}{2}(1+\varphi)}{\log_2 4} = \frac{2.\dfrac{2M}{2}(1+0,12)}{2} = 1,12\,MHz$$

c) La velocidad en Baudios

$$Baudios = \frac{v_d}{\log_2 4} = \frac{2M}{2} = 1\,MBaudio$$

d) El ancho de banda de la señal modulada en 8PSK

$$B_{8PSK} = \frac{2\dfrac{v_d}{2}(1+\varphi)}{\log_2 8} = \frac{2.\dfrac{2M}{2}(1+0,12)}{3} = 0,746\,MHz = 746\,KHz$$

e) La velocidad en Baudios

$$Baudios = \frac{v_d}{\log_2 8} = \frac{2M}{3} = 0,666\,MBaudio = 666\,KBaudios$$

f) El ancho de banda de la señal modulada en 16PSK

$$B_{16PSK} = \frac{2\dfrac{v_d}{2}(1+\varphi)}{\log_2 16} = \frac{2.\dfrac{2M}{2}(1+0,12)}{4} = 0,56\,MHz = 560\,KHz$$

g) La velocidad en Baudios

$$Baudios = \frac{v_d}{\log_2 16} = \frac{2M}{4} = 0,5\,MBaudio = 500\,KBaudio$$

Ejemplo 4.13.2

A un canal cuyo ancho de banda es de 1 MHz, con roll-off es del 25 % (0,25), debe ingresarse una señal digital cuya velocidad es de $1,6\dfrac{Mbits}{seg}$. Con que técnica multinivel en PSK debe modularse para que dicha velocidad se pueda ingresar al canal.

Respuestas:

La expresión general del ancho de banda en NPSK

$$B_{NPSK} = \dfrac{2\dfrac{v_d}{2}(1+\varphi)}{\log_2 N}$$

Son datos la velocidad de la señal, el roll-off y el ancho de banda del canal para lo cual despejaremos el $\log_2 N$ y luego calcularemos N.

$$\log_2 N = \dfrac{2\dfrac{v_d}{2}(1+\varphi)}{B_{NPSK}} = \dfrac{2\dfrac{1,6M(1+0,25)}{2}}{1M} = 2$$

N será:

$$N = 2^m = 2^2 = 4$$

Esto implica que la técnica deberá ser 4 PSK

Resolver las actividades 4.8 y 4.9

4.14 Modulación multinivel NQAM

Llegado al límite de niveles en NPSK, que es de dieciséis surge la pregunta como poder seguir achicando el ancho de banda. La respuesta surge a partir de modular simultáneamente por amplitud y fase, de donde se crean las técnicas NQAM (modulación por amplitud en cuadratura).

El concepto estriba en el hecho, de lograr los niveles combinando amplitudes y fases. De donde se obtienen combinaciones de 8QAM, 16QAM, 32QAM, 64QAM, 128QAM y 256QAM. Esto implica una considerable disminución del ancho de banda de la señal modulada, en 3, 4, 5, 6, 7 y 8 veces.

Existen de hecho 8 y 16 PSK, pero las técnicas NQAM, son mejores en cuanto a inmunidad al ruido que las NPSK.

Representamos el esquema genérico de un modulador NQAM, como un bloque donde entra la señal digital y la portadora y a la salida se obtienen fases y amplitudes variables, en la fig. 4.14.1

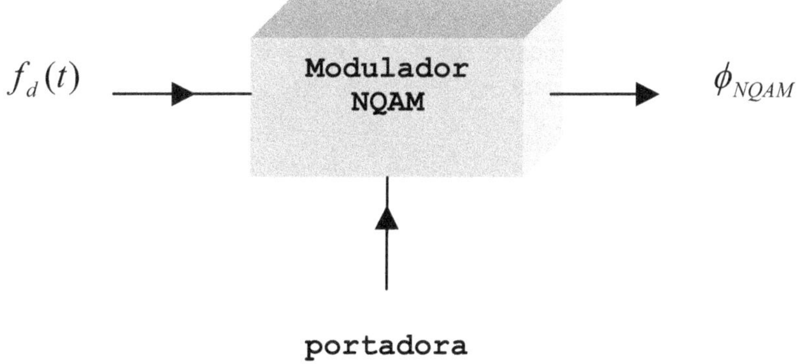

Figura 4.14.1

Se presenta a continuación en la fig. 4.14.2, la representación vectorial de 8QAM. Esto se logra asignando el grupo de bits a una fase y a una amplitud. Se agrupan de tres bits y se asignan los vectores.

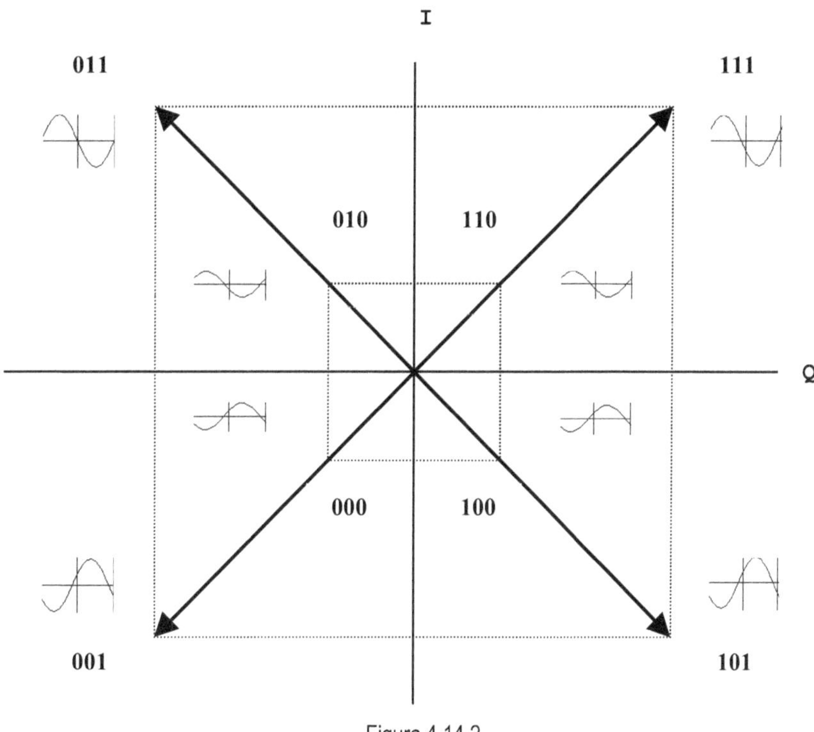

Figura 4.14.2

En la fig. 4.14.3, se hace una representación temporal de una secuencia completa. Se ve que la portadora varía la amplitud y la fase.

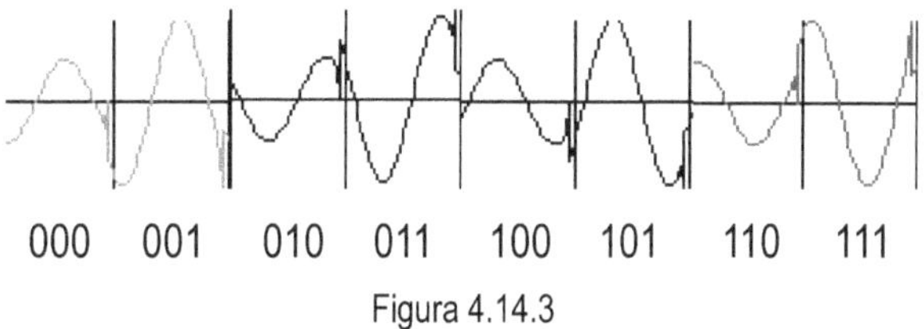

Figura 4.14.3

Combinando amplitudes y fases surgen las técnicas NQAM, cuya particularidad es que se aumentan la cantidad de niveles a transmitir para achicar el ancho de banda. Para NASK, NPSK y NQAM, el ancho de banda se calcula de la misma manera

$$B_{NASK \, / \, NPSK \, / \, NQAM} = \frac{2 \frac{v_d}{2}(1 + \varphi)}{\log_2 N}$$

La diferencia estriba en que desde el punto de vista de la inmunidad al ruido la mejor es NQAM, luego le sigue NPSK y por último NASK.

Por otro lado la tendencia es usar las NQAM, atento a que se pueden lograr hasta 256QAM, lo que implica achicar el ancho de banda de la señal modulada en 8 veces.

Resolver las actividades 4.10 y 4.11

Como Ud. ya completó la unidad, en contenidos y actividades, sería conveniente que resuelva el autotest de la unidad 4.

4.1 Dada una señal digital con velocidad de $200\dfrac{Kbits}{seg}$, es modulada en OOK, e ingresada en un canal cuyo roll-off es de 0,3.

Determinar:

    a) El ancho de banda base.

    b) El ancho de banda de la señal modulada.

4.2 Representar la señal de OOK, en el graficador.

En este caso se representará una onda cuadrada, con una aproximación que ya se uso en el capítulo 3 y multiplicada por una portadora senoidal. Utilice la siguiente expresión para la onda cuadrada. Recuerde que es una aproximación por Serie de Fourier y no sale una onda cuadrada perfecta.

    1+cos(x)-0.3*cos(3*x)+0.2*cos(5*x)

Multiplique la expresión por un seno de frecuencia elevada y verá la señal de OOK. Utilice la siguiente expresión.

    (1+cos(x)-0.3*cos(3*x)+0.2*cos(5*x))*sin (10*x)

4.3 Representar en el graficador la demodulación de OOK. Tome la expresión anterior y vuelva a multiplicarla por la portadora.

    (1+cos(x)-0.3*cos(3*x)+0.2*cos(5*x))*((sin(10*x)*sin(10*x))

Verá la detección sin filtrado.

4.4 Una señal digital codificada en PCM, cuya velocidad es de $20\dfrac{Kbits}{seg.}$ es modulada en FSK e ingresada en un canal cuyo roll-off es de 0,2.

Se utiliza como portadora 200 KHz y la desviación de frecuencia es de 50 KHz. Para los unos se toma la frecuencia mas alta y la mas baja para los ceros.

Determinar:

    a) La frecuencia con que se transmiten los unos.

    b) La frecuencia con que se transmiten los ceros.

    c) El ancho de banda base de la señal digital.

    d) El índice de modulación en frecuencia.

    e) El ancho de banda de la señal modulada en FSK, por dos caminos.

    f) La representación en frecuencia de la señal modulada.

4.5 Represente la señal de PSK, en el graficador, si utiliza la expresión de la aproximación de la 4.2, sin el término de continua, aparecerá la onda cuadrada sin continua, lo que parecerá codificada bipolarmente. Grafique usándola siguiente expresión.

$$\cos(x)-0.3*\cos(3*x)+0.2*\cos(5*x)$$

Multiplique la expresión por un seno de frecuencia elevada y verá la señal de PSK. Utilice la siguiente expresión.

$$(\cos(x)-0.3*\cos(3*x)+0.2*\cos(5*x))*\sin(10*x)$$

4.6 Una señal digital cuya velocidad es de $200\,\dfrac{Kbits}{seg}$, es codificada de manera bipolar y modulada en PSK, con fase 0° para los unos y 180° para los ceros, la señal se la aplica a un canal cuyo roll-off es de 0,15.

Determinar:

    a) El ancho de banda de la señal digital.

    b) El ancho de banda de la señal modulada en PSK.

    c) Una representación vectorial de la señal.

4.7 Una señal digital multiplexada, tiene una velocidad de $1\,\dfrac{Mbits}{seg}$, es modulada en 4ASK en un canal de roll-off 0,25.

Determinar:

    a) El ancho de banda base de la señal digital.

    b) La cantidad de bits que se agrupan.

    c) La velocidad en Baudios.

    d) El ancho de banda de la señal modulada en 4ASK.

    e) La representación vectorial de la señal modulada.

4.8 Una señal digital multiplexada cuya velocidad es de $4\,\dfrac{Mbits}{seg}$, se la modula con una técnica multinivel e ingresa a un canal cuyo roll-off es de 0,12.

Determinar:

    a) El ancho de banda base de la señal digital.

    b) El ancho de banda de la señal si es modulada en 4PSK.

    c) La velocidad en Baudios para la consigna anterior.

    d) El ancho de banda de la señal si es modulada en 8PSK.

e) La velocidad en Baudios para la consigna anterior.

f) El ancho de banda de la señal si es modulada en 16PSK.

g) La velocidad en Baudios para la consigna anterior.

4.9 A un canal cuyo ancho de banda es de 1 MHz, con roll-off es del 25 % (0,25), debe ingresarse una señal digital cuya velocidad es de $3,2\dfrac{Mbits}{seg}$. Con que técnica multinivel en PSK debe modularse para que dicha velocidad se pueda ingresar al canal.

4.10 Complete la siguiente tabla de cómo se achica el ancho de banda de una señal que se modula en diferentes técnicas

Si modula en	4ASK 4PSK	8PSK 8QAM	16PSK 16QAM	32QAM	64QAM	128QAM	256QAM
Achica el ancho de banda en.... veces							

4.11 Desde el punto de vista del ancho de banda de la inmunidad al ruido ordene de la mejor a la peor técnica multinivel entre NASK, NPSK y NQAM.

Lea detenidamente y resuelva las consignas, no deje nada sin contestar. De ser necesario consulte los contenidos de la unidad 4.

1. Enuncie cuales son las técnicas de modulación digital básicas.

2. Enuncie las técnicas de modulación multinivel.

3. Dada una señal digital con velocidad de $300\dfrac{Kbits}{seg}$, es modulada en OOK, e ingresada en un canal cuyo roll-off es de 0,2.

    Determinar:

    a) El ancho de banda base.

    b) El ancho de banda de la señal modulada.

4. Una señal digital codificada en PCM, cuya velocidad es de $40\dfrac{Kbits}{seg.}$ es modulada en FSK e ingresada en un canal cuyo roll-off es de 0,2.

    Se utiliza como portadora 300 KHz y la desviación de frecuencia es de 50 Khz. Para los unos se toma la frecuencia mas alta y la mas baja para los ceros.

    Determinar:

    a) La frecuencia con que se transmiten los unos.

    b) La frecuencia con que se transmiten los ceros.

    c) El ancho de banda base de la señal digital.

    d) El índice de modulación en frecuencia.

    e) El ancho de banda de la señal modulada en FSK, por dos caminos.

    f) La representación en frecuencia de la señal modulada.

5. Una señal digital cuya velocidad es de $100\dfrac{Kbits}{seg}$, es codificada de manera bipolar y modulada en PSK, con fase 0° para los unos y 180° para los ceros, la señal se la aplica a un canal cuyo roll-off es de 0,15.

    Determinar:

    a) El ancho de banda de la señal digital.

    b) El ancho de banda de la señal modulada en PSK.

   c) Una representación vectorial de la señal.

6.   Una señal digital multiplexada cuya velocidad es de $8\dfrac{Mbits}{seg}$, se la modula con una técnica multinivel e ingresa a un canal cuyo roll-off es de 0,12.

Determinar:

   a) El ancho de banda base de la señal digital.

   b) El ancho de banda de la señal si es modulada en 4PSK.

   c) La velocidad en Baudios para la consigna anterior.

   d) El ancho de banda de la señal si es modulada en 8PSK.

   e) La velocidad en Baudios para la consigna anterior.

   f) El ancho de banda de la señal si es modulada en 16PSK.

   g) La velocidad en Baudios para la consigna anterior.

   h) El ancho de banda de la señal si es modulada en 32QAM.

   i) La velocidad en Baudios para la consigna anterior.

Bibliografía

- **Carlson, B.** *Sistemas de Comunicación*. Ed. McGraw-Hill.

- **Connors, F. R.** *Modulación*. Ed. Labor. 1976.

- **Connors, F. R.** *Ruido*. Ed. Labor. 1976

- **Danizio, Pedro E.** *Teoría de las comunicaciones*. Ed. Universitas. 2002.

- **Freeman, R.** *Ingeniería de Sistemas de Telecomunicación*. Ed. Limusa.1993.

- **Hwei, P. Hsu**. *Analog and digital communications*. Ed. Mac Graw-Hill. 1993.

- **Lathi, B. P.** *Introducción a la Teoría y Sistemas de Comunicación*. Ed. Limusa.1980.

- **Lathi, B. P.** *Sistemas de Comunicación*. Ed. McGraw-Hill. 1998.

- **Lee;Messerschmitt.** *Digital Communications*. Ed. Kluwer Academic Publishers. 1980.

- **Motorola.** *Analog/Interface Ics. Device data*. Vol II. Ed. Motorola Inc. 1995.

- **Schwartz, Misha**. *Transmisión de Información Modulación y ruido*. Ed. McGraw-Hill. 1983.

- **Strembler, F. G.** *Introducción a los Sistemas de Comunicación*. Ed. Addison-Wesley. 1993.

- **Tomasi, W.** *Advanced Electronics Communications Systems*. Ed. Prentice-Hall. 1994.

La presente edición de *Sistemas de Comunicaciones* se termino de imprimir en Universitas en el mes de agosto de 2019.

Impreso en Argentina